Esercizi di finanza matematica

Emanuela Rosazza Gianin, Carlo Sgarra

Esercizi di finanza matematica

 Springer

EMANUELA ROSAZZA GIANIN
Dipartimento di Matematica e Statistica
Università di Napoli "Federico II"
Napoli

CARLO SGARRA
Dipartimento di Matematica
Politecnico di Milano
Milano

ISBN 978-88-470-0610-2 Springer Milan Berlin Heidelberg New York

Springer-Verlag fa parte di Springer Science+Business Media

springer.com

Impianti forniti dall'autore
Progetto grafico della copertina: Simona Colombo, Milano
Stampa: Signum, Bollate (Mi)

Indice

Introduzione

Questa raccolta di esercizi nasce da un'esperienza di tre anni maturata nell'ambito del corso di *Metodi Matematici per la Finanza* per il corso di Laurea Magistrale in Ingegneria Gestionale del Politecnico di Milano. Il corso è incentrato sulla Teoria Matematica dei Derivati. La difficoltà nel reperire libri di esercizi di Finanza Matematica in generale, in particolare in lingua italiana e adeguati ad un pubblico di studenti con una formazione matematica di buon livello, ci ha spinto a raccogliere il materiale da noi preparato per le esercitazioni del corso. Lo scopo di questa raccolta non è quindi quello di fornire una collezione esaustiva di applicazioni della teoria dei derivati, ma di presentare un quadro abbastanza completo delle metodologie matematiche utilizzabili.

In base al primo Teorema Fondamentale dell'Asset Pricing, il prezzo di ogni titolo derivato compatibile con il principio di assenza di arbitraggio può essere calcolato come valore atteso attualizzato del valore finale del derivato stesso (noto perché precisato da un contratto), valore atteso rispetto ad una opportuna misura di martingala equivalente. La maggior parte dei testi che presentano la Teoria Matematica dei Derivati concentra pertanto il proprio interesse sugli strumenti di carattere stocastico che permettano di costruire in maniera più o meno esplicita (almeno nei casi di più frequente utilizzo) tale misura e di calcolare il valore atteso rispetto ad essa. D'altra parte il teorema di rappresentazione di Feynman-Kac permette di interpretare tale valore atteso come la soluzione di un'equazione alle derivate parziali di tipo parabolico all'indietro. Da qui l'interesse per lo strumento di natura analitica costituito dalle equazioni alle derivate parziali. Tutti i manuali di Teoria Matematica dei Derivati di cui siamo a conoscenza privilegiano l'uno o l'altro dei due approcci: o quello stocastico o quello analitico; nelle raccolte di esercizi disponibili allo stato attuale si riflette la medesima dicotomia. Scopo dichiarato del corso per cui questa raccolta di esercizi è stata preparata è quello di rendere lo studente familiare con gli strumenti di entrambi i tipi e di far cogliere l'intima connessione tra di essi. L'obiettivo, certamente un po' ambizioso, era anche motivato dalla circostanza che gli studenti, per i quali originariamente tale raccolta era stata concepita, erano studenti di un Corso di Laurea in Ingegneria di secondo livello, che avevano avuto nella loro formazione matematica di base almeno due corsi di Analisi Matematica, in cui avevano avuto modo di affrontare le problematiche di base delle equazioni differenziali, e due corsi di Calcolo delle Probabilità e Statistica Matematica in cui avevano appreso i concetti di base dei processi stocastici. La raccolta è stata poi successivamente ampliata e arricchita con alcune nozioni introduttive per renderla adeguata anche a studenti con una formazione matematica di livello inferiore. Nella versione attuale il presente testo può essere utilizzato con successo oltre che da studenti di primo livello dei Corsi di Laurea in Matematica o in Ingegneria, anche da studenti di primo livello del corso di Laurea in Economia, purché opportunamente guidati.

Abbiamo suddiviso il materiale proposto in 9 capitoli.

Il primo capitolo consiste di alcuni esercizi ricapitolativi dei concetti di base di Calcolo delle Probabilità e Statistica e delle loro applicazioni di interesse finanziario, nonché di alcune applicazioni di fondamentale interesse in finanza della teoria dei processi stocastici a tempo continuo, in particolare del processo di Wiener e del moto browniano geometrico.

Il secondo capitolo ha lo scopo di familiarizzare lo studente con l'utilizzo dell'integrale stocastico e del Lemma di Itô.

Il terzo capitolo raccoglie alcuni esercizi di base di teoria delle opzioni svolti nell'ambito del modello binomiale.

Il quarto capitolo consiste di esercizi svolti nell'ambito del più noto modello a tempo continuo: il modello di Black-Scholes; l'interesse si concentra sia sui problemi di valutazione, che su quelli di copertura.

Il quinto capitolo fornisce alcuni esempi di frequente utilizzo delle equazioni alle derivate parziali in finanza e presenta alcune applicazioni in cui la teoria dei processi stocastici e quella delle equazioni alle derivate parziali mostrano il legame che li caratterizza.

Il sesto capitolo affronta i problemi di base legati alla valutazione di opzioni per le quali è consentito l'esercizio anticipato: tali opzioni sono comunemente chiamate "Americane". In tale capitolo l'interesse si concentra sugli aspetti concettuali connessi con l'esercizio anticipato, limitando le problematiche relative alla valutazione all'ambito del modello binomiale. Le metodologie numeriche complesse richieste per affrontare metodi di valutazione di opzioni Americane nell'ambito di modelli a tempo continuo, o anche solo la loro formulazione come problemi a frontiera libera, ci sono sembrati al di fuori della portata del presente testo.

Il settimo capitolo si concentra su alcune opzioni comunemente chiamate "Esotiche". La varietà di questo tipo di prodotti finanziari e la difficoltà nel valutarli consente di presentare in una raccolta di questo tipo soltanto una panoramica molto limitata. Anche in questo caso gli esercizi sono pertanto svolti essenzialmente nell'ambito del modello binomiale, limitando l'uso del modello di Black-Scholes soltanto ai casi più semplici.

L'ottavo capitolo presenta alcuni esercizi sui modelli per tassi di interesse.

Infine, il nono capitolo fornisce alcuni esercizi introduttivi di ottimizzazione di portafoglio. Benché la raccolta sia focalizzata sulla Teoria Matematica dei Derivati, infatti, ci è sembrato opportuno fornire almeno qualche applicazione elementare di Teoria Matematica del Portafoglio, benché limitatamente al caso uniperiodale.

Nella stesura di questo lavoro abbiamo fatto riferimento a parecchi manuali di Teoria Matematica dei Derivati dove è possibile reperire il background teorico necessario allo svolgimento degli esercizi, manuali di cui forniremo un elenco in bibliografia. All'inizio di ogni capitolo abbiamo riassunto in maniera sintetica tutti i risultati utilizzati, ma il lettore che voglia rendersi conto in profondità della teoria che sta dietro alle applicazioni, dovrà necessariamente far riferimento ad un manuale. Precisiamo ad ogni modo di aver preso come manuali di riferimento il testo di T. Björk, "Arbitrage Theory in Continuous Time", Oxford University Press, seconda edizione, 2004, per quanto riguarda la parte di teoria che si basa sui processi stocastici, e il testo di P. Wilmott, S.

Howison e J. Dewynne, "Option Pricing", Oxford Financial Press, 2003, per la parte di teoria che fa uso della teoria delle equazioni alle derivate parziali.

Abbiamo alcuni colleghi da ringraziare per averci dato supporto di vario genere nel realizzare questo lavoro. Ringraziamo i Proff. Fabio Bellini e Marco Frittelli, i Dott. Massimo Morini e Paolo Verzella ed un anonimo referee per aver letto la versione preliminare di questa raccolta ed averci fornito indicazioni e commenti preziosi. Siamo molto grati al Prof. Sandro Salsa per aver letto con attenzione il quinto capitolo, i.e. quello sulle equazioni a derivate parziali, e per averci dato suggerimenti indispensabili. Ringraziamo la Dott. Francesca Bonadei della Springer e tutti i colleghi che hanno incoraggiato la stesura del presente lavoro: in particolare vogliamo ringraziare i Proff. Vincenzo Aversa, Emilio Barucci, Achille Basile, Ernesto Salinelli.

Ringraziamo infine di cuore i nostri studenti che, nel seguire il corso con interesse, hanno fornito uno stimolo continuo alla preparazione di questo eserciziario.

Ci scusiamo infine fin d'ora per gli inevitabili errori che, nella prima stesura di qualunque raccolta di esercizi, potranno essere presenti, nonostante l'attenta revisione.

Milano, 12 dicembre 2006

Emanuela Rosazza Gianin e Carlo Sgarra

Capitolo 1

Richiami di Probabilità e Processi Stocastici

1.1 Richiami di teoria

Assegnato uno spazio di probabilità $(\Omega, \mathcal{F}, P)$, dove Ω denota un insieme non vuoto, $\mathcal{F}$ una σ-algebra e P una misura di probabilità su Ω, si definisce:

- *variabile aleatoria* (o, brevemente, v.a.) una funzione $X : \Omega \to \mathbb{R}$ tale che la controimmagine tramite X di ogni insieme Boreliano di $\mathbb{R}$ sia in $\mathcal{F}$, ovvero tale che $\{\omega \in \Omega : X(\omega) \in A\} \in \mathcal{F}$ per ogni A Boreliano di $\mathbb{R}$;

- *processo stocastico* una collezione di variabili aleatorie $(X_t)_{t \geq 0}$ su $(\Omega, \mathcal{F}, P)$.

  Se t assume valori nell'insieme $\mathbb{N}$ dei numeri naturali, il processo viene detto *a tempo discreto*, mentre se t assume valori nell'insieme $\mathbb{R}^+$ il processo viene detto *a tempo continuo*.

Una collezione $(\mathcal{F}_s)_{s \geq 0}$ di σ-algebre su Ω tale per cui $\mathcal{F}_u \subseteq \mathcal{F}_v$ per $u \leq v$ viene detta *filtrazione* su Ω.

Un processo stocastico $(X_t)_{t \geq 0}$ viene detto *adattato* alla filtrazione $(\mathcal{F}_t)_{t \geq 0}$ se, per ogni $s \geq 0$, X_s è $\mathcal{F}_s$-misurabile.

Assegnato un processo stocastico $(X_t)_{t \geq 0}$, se, per ogni $s \geq 0$, $\mathcal{F}_s$ è la più piccola σ-algebra che rende misurabile X_s, allora $(\mathcal{F}_t)$ viene detta la *filtrazione naturale generata dal processo* $(X_t)_{t \geq 0}$.

Il concetto di filtrazione traduce in modo naturale nel linguaggio probabilistico l'idea di flusso di informazione nel tempo.

Per un approfondimento sistematico ed approfondito delle nozioni che richiameremo qui di seguito, rimandiamo ai testi di Mikosch [10] e Ross [14].

In Finanza Matematica, sono utilizzati diffusamente i seguenti tipi di variabili aleatorie e processi stocastici.

- *Variabile aleatoria Bernoulliana*

  Una variabile aleatoria X è detta di Bernoulli se essa può assumere solo due valori, per esempio 1 o 0, con probabilità p e $(1-p)$ rispettivamente. In tal caso si scrive $X \sim B(p)$.

  Il valore atteso e la varianza di una variabile aleatoria di tipo bernoulliano del tipo suddetto sono $E[X] = p$ e $V(X) = p(1-p)$, rispettivamente.

- *Variabile aleatoria e processo stocastico Binomiale*

  Una variabile aleatoria Y_n di tipo binomiale conta i successi (o, convenzionalmente, il numero di volte che la variabile aleatoria X ha assunto il valore 1) in una successione di n prove indipendenti in cui la probabilità di successo è descritta da p. In tal caso si scrive $X \sim Bin(n;p)$.

  Il valore atteso e la varianza di una variabile aleatoria $Y_n \sim Bin(n;p)$ sono rispettivamente $E[Y_n] = np$ e $V(Y_n) = np(1-p)$, poiché $Y_n = \sum_{i=1}^{n} X_i$ con $X_i \sim B(p)$ e tra loro indipendenti.

  La successione $(Y_n)_{n \in \mathbb{N}}$ è un processo stocastico chiamato binomiale.

- *Variabile aleatoria e processo stocastico di Poisson*

  Una variabile aleatoria Z viene detta di Poisson di parametro $\lambda > 0$ (in simboli: $Z \sim Poi(\lambda)$) se può assumere tutti i valori $n \in \mathbb{N}$ con la seguente densità discreta di probabilità:

  $$P(Z = k) = \frac{e^{-\lambda} \lambda^k}{k!}, \quad \forall k = 0, 1, 2, ..., n, ...$$

  Il valore atteso e la varianza di una variabile aleatoria di tipo Poissoniano sono rispettivamente $E[Z] = \lambda$ e $V(Z) = \lambda$.

  Ponendo $\lambda = \nu t$, $t \geq 0$, la costante ν assume il significato di intensità (numero medio di "arrivi") per unità di tempo e la collezione di variabili aleatorie $(Z_t)_{t \geq 0}$ diventa un processo stocastico, detto processo di Poisson.

  Ricordiamo che una variabile aleatoria di Poisson può essere ottenuta come limite di una successione di variabili aleatorie di tipo binomiale per $p \to 0$, $n \to \infty$ e $pn = \lambda$.

Si può dimostrare che se il numero di arrivi è una variabile aleatoria di Poisson di paramentro νt allora la variabile aleatoria T che denota il tempo che intercorre tra due arrivi ha una distribuzione di probabilità la cui densità è data da una legge di tipo *esponenziale* di parametro $\nu > 0$ (in simboli: $T \sim Exp(\nu)$), più precisamente:

$$f_T(t) = \nu e^{-\nu t}, \ \forall t > 0.$$

Il valore atteso e la varianza di una variabile aleatoria di tipo esponenziale sono rispettivamente $E[T] = \frac{1}{\nu}$ e $V(T) = \frac{1}{\nu^2}$.

- *Variabile aleatoria Normale*

  Una variabile aleatoria X che assume valori in $\mathbb{R}$ viene detta Gaussiana o Normale di parametri $\mu \in \mathbb{R}$ e $\sigma^2 > 0$ (in simboli: $X \sim N(\mu, \sigma^2)$) se la sua funzione di ripartizione è data da:

  $$P(X \leq x) = N(x) = \frac{1}{\sqrt{2\pi\sigma^2}} \int_{-\infty}^{x} e^{-\frac{(u-\mu)^2}{2\sigma^2}} \, du. \qquad (1.1)$$

  Il valore atteso e la varianza di X sono μ e σ^2, rispettivamente. Quando $\mu = 0$ e $\sigma^2 = 1$ la variabile aleatoria viene detta Normale standard e i valori della sua funzione di ripartizione sono tabulati.

  Con il semplice cambiamento di variabile $y = (x - \mu)/\sigma$, una variabile aleatoria Normale $X \sim N(\mu, \sigma^2)$ si trasforma in una variabile aleatoria Normale standard $Y \sim N(0, 1)$.

Il *Teorema Centrale del Limite* stabilisce che la somma di n variabili aleatorie indipendenti e identicamente distribuite, qualunque sia la loro densità di probabilità purché con media e varianza finite, converge in legge ad una Normale. Più precisamente: data una successione $(X_n)_{n \in \mathbb{N}}$ di variabili aleatorie indipendenti ed identicamente distribuite con $E(X_n) = \mu$ e $V(X_n) = \sigma^2$ per ogni $n \in \mathbb{N}$ e con $\mu \in \mathbb{R}$ e $\sigma^2 > 0$ finiti, allora $\frac{\sum_{i=1}^{n} X_i - n\mu}{\sigma\sqrt{n}} \xrightarrow{d}_n N(0, 1)$.

In particolare, se X_n è una variabile binomiale di parametri n, p (i.e. la somma di n variabili Bernoulliane di parametro p), allora si può approssimare $\frac{X_n - np}{\sqrt{np(1-p)}}$ con una variabile Normale di valore atteso 0 e di varianza 1.

Grazie al Teorema Centrale del Limite, i seguenti due tipi di processi stocastici possono essere ottenuti come limite di alcuni elencati precedentemente.

- *Processo di Wiener o Moto Browniano*

  Si definisce *Processo di Wiener* o *Moto Browniano* un processo stocastico ad incrementi stazionari ed indipendenti e a traiettorie continue, che per $t = 0$ assume il valore 0, i.e. $X_0 = 0$, e per il quale ad ogni $t \geq 0$ la variabile aleatoria X_t sia distribuita come una Normale di valore atteso μt e varianza $\sigma^2 t$, i.e. $X_t \sim N(\mu t, \sigma^2 t)$.

  Se $\mu = 0$ e $\sigma^2 = 1$, il processo di Wiener (moto browniano) viene detto standard e viene denotato con $(W_t)_{t \geq 0}$.

  Il valore μ viene detto *coefficiente di deriva* (o *drift*) del moto browniano, mentre σ viene detto *coefficiente di diffusione*.

Dalla definizione di moto browniano si ha allora che per ogni $0 \leq s \leq t$

$$X_t - X_s \sim N(\mu(t - s), \sigma^2(t - s)).$$

In particolare, per un moto browniano standard vale che

$$W_t - W_s \sim N(0, t - s).$$

Il processo di Wiener standard può essere ottenuto come limite di un processo stocastico di tipo binomiale per il quale ad ogni istante di tempo Δt la variabile aleatoria $Y_n = \sum_{i=1}^{n} \Delta X_i$ può avere un incremento Δx in direzione positiva o negativa con uguale probabilità p, a condizione di calcolare il limite per $n \to \infty$, $\Delta x \to 0$, $\Delta t \to 0$ mantenendo costante il rapporto tra $(\Delta x)^2$ e Δt, i.e. $\lim (\Delta x)^2 / \Delta t = \sigma^2$.

Il limite suddetto viene chiamato limite di diffusione ed il processo binomiale considerato prende il nome di *passeggiata aleatoria* (o random walk) binomiale.

Passando al limite con le avvertenze suggerite e applicando opportunamente il Teorema Centrale del Limite, si ottiene un moto browniano di media 0 e di varianza $\sigma^2 t$. Per ottenere un moto browniano standard, quindi, è sufficiente che $\lim (\Delta x)^2 / \Delta t = 1$.

- *Processo stocastico lognormale*

  Un processo stocastico $(S_t)_{t \geq 0}$ viene detto di tipo lognormale se

  $$S_t = \exp(X_t)$$

  dove $(X_t)_{t \geq 0}$ è un processo di Wiener.

  In particolare, dalla definizione di processo lognormale si ha allora che per ogni $0 \leq s \leq t$

  $$\ln\left(\frac{S_t}{S_0}\right) \ \sim \ N(\mu t, \sigma^2 t)$$
  $$\ln\left(\frac{S_t}{S_s}\right) \ \sim \ N(\mu(t - s), \sigma^2(t - s)).$$

Come per il moto browniano, anche il processo lognormale può essere visto come limite di un opportuno processo stocastico.

Si ha infatti che il processo lognormale può essere ottenuto come limite per $t_k - t_{k-1} = \Delta t \to 0$ di un processo discreto del tipo $S_k = S_{k-1} X$ dove X è una variabile aleatoria di tipo bernoulliano che assume i valori $u = \exp(\sigma \sqrt{\Delta t})$ e $d = \exp(-\sigma \sqrt{\Delta t})$ con probabilità pari a $p_u = (1 + \mu \sqrt{\Delta t}/\sigma)/2$ e a $p_d = (1 - \mu \sqrt{\Delta t}/\sigma)/2$, rispettivamente.

Passando al limite suddetto, il processo $(S_t)_{t \geq 0}$ è tale per cui:

$$\ln\left(\frac{S_t}{S_0}\right) \sim N(\mu t, \sigma^2 t) \tag{1.2}$$

ovvero $(\ln(S_t)/\ln(S_0))_{t\geq 0}$ segue un moto browniano con coefficiente di drift μ e coefficiente di diffusione σ. Un processo stocastico $(S_t)_{t\geq 0}$ come sopra viene anche detto *moto browniano geometrico* con coefficiente di drift μ e coefficiente di diffusione σ.

Tra i diversi tipi di processi stocastici, la nozione di *martingala* merita una particolare attenzione.

- *Martingala a tempo discreto*

  Un processo stocastico $(X_n)_{n\geq 0}$ viene detto martingala (a tempo discreto) rispetto allo spazio filtrato $\left(\Omega, \mathcal{F}, (\mathcal{F}_n)_{n\geq 0}, P\right)$ se $(X_n)_{n\geq 0}$ è $(\mathcal{F}_n)_{n\geq 0}$ —adattato e se per ogni $n \geq 0$ vale che $E\left[|X_n|\right] < +\infty$ e

$$E\left[X_{n+1}|\,\mathcal{F}_n\right] = X_n.$$

- *Martingala a tempo continuo*

  Un processo stocastico $(X_t)_{t\geq 0}$ viene detto martingala (a tempo continuo) rispetto allo spazio filtrato $\left(\Omega, \mathcal{F}, (\mathcal{F}_t)_{t\geq 0}, P\right)$ se $(X_t)_{n\geq 0}$ è $(\mathcal{F}_t)_{n\geq 0}$ —adattato e se per ogni $0 \leq s \leq t$ vale che $E\left[|X_t|\right] < +\infty$ e

$$E\left[X_t|\,\mathcal{F}_s\right] = X_s.$$

1.2 Esercizi svolti

Esercizio 1.1

Sia $(W_t)_{t\geq 0}$ un moto browniano standard.

1. Si determinino $P\left(W_6 - W_2 < 0; W_1 > 0\right)$ e $V\left((W_6 - W_2)W_1\right)$.

2. Si consideri il processo stocastico $(X_t)_{t\geq 0}$ definito come $X_t = \mu t + W_t$. Si stabilisca se esiste un drift $\mu > 0$ tale per cui la probabilità $P\left(X_6 - X_2 < 0; X_1 > 0\right)$ sia almeno pari al 20%.

3. Sia ora $(Y_t)_{t\geq 0}$ il processo stocastico definito come $Y_t = \mu t + \sigma W_t$. Si determini la distribuzione di Y_t per $\mu = 0$ e per $\mu \neq 0$.

4. Si calcolino $P\left(Y_6 - Y_2 < 0; Y_1 > 0\right)$, $P\left(Y_6 - Y_2 < 4\sigma\right)$ e $E\left[(Y_6 - Y_2)Y_1\right]$ quando $\mu = 0.1$ e $\sigma = 0.4$.

Svolgimento

1. Siccome (per le proprietà del moto browniano) $(W_6 - W_2)$ e W_1 sono v.a. indipendenti, si ottiene che

$$P\left(W_6 - W_2 < 0; W_1 > 0\right) = P\left(W_6 - W_2 < 0\right) \cdot P(W_1 > 0).$$

Ricordando poi che $(W_6 - W_2) \sim N(0; 4)$, $W_1 \sim N(0; 1)$ e che se $Y \sim N(m; s^2)$ allora $\frac{Y-m}{s} \sim N(0; 1)$, ricaviamo che

$$
\begin{aligned}
P\left(W_6 - W_2 < 0; W_1 > 0\right) &= P\left(W_6 - W_2 < 0\right) \cdot P(W_1 > 0) = \\
&= P\left(\frac{W_6 - W_2}{\sqrt{4}} < 0\right) \cdot P\left(W_1 > 0\right) = \\
&= N(0) \cdot [1 - N(0)] = \frac{1}{2} \cdot \frac{1}{2} = 0.25,
\end{aligned}
$$

dove N è la funzione di ripartizione di una Normale standard.

Si ha inoltre che

$$V\left((W_6 - W_2)W_1\right) = E\left[(W_6 - W_2)^2 W_1^2\right] - \left(E\left[(W_6 - W_2)W_1\right]\right)^2$$

che, per le proprietà del moto browniano ricordate sopra, diventa

$$
\begin{aligned}
&V\left((W_6 - W_2)W_1\right) = \\
&= E\left[(W_6 - W_2)^2\right] E\left[W_1^2\right] - \left(E\left[W_6 - W_2\right]\right)^2 \left(E\left[W_1\right]\right)^2 \\
&= V\left(W_6 - W_2\right) V\left(W_1\right) = 4 \cdot 1 = 4.
\end{aligned}
$$

2. Dobbiamo stabilire se esiste $\mu > 0$ tale per cui

$$P\left(X_6 - X_2 < 0; X_1 > 0\right) \geq 0.2.$$

A tale scopo riscriviamo il primo termine della disequazione precedente in funzione di μ e del moto browniano. Otteniamo quindi

$$
\begin{aligned}
P\left(X_6 - X_2 < 0; X_1 > 0\right) &= P\left(6\mu + W_6 - (2\mu + W_2) < 0; \mu + W_1 > 0\right) \\
&= P\left(W_6 - W_2 < -4\mu; W_1 > -\mu\right) = \\
&= P\left(W_6 - W_2 < -4\mu\right) \cdot P\left(W_1 > -\mu\right) = \\
&= P\left(\frac{W_6 - W_2}{2} < -2\mu\right) \cdot P\left(W_1 > -\mu\right) = \\
&= N(-2\mu) \cdot [1 - N(-\mu)] = N(-2\mu) \cdot N(\mu),
\end{aligned}
$$

dove l'ultima uguaglianza è dovuta alla simmetria delle distribuzione Normale.

Ci chiediamo quindi se esiste un drift $\mu > 0$ tale per cui $N(-2\mu) \cdot N(\mu) \geq 0.2$. Tale $\mu > 0$ esiste. Se si considera infatti $\mu = 0.1$, allora $N(-2\mu) \cdot N(\mu) = 0.227 \geq 0.2$.

3. Incominciamo a determinare la distribuzione di $Y_t = \mu t + \sigma W_t$ con $\mu = 0$. Ricordiamo che, per ogni $t > 0$ fissato, si ha che $W_t \sim N(0; t)$. Di conseguenza, σW_t ha ancora distribuzione Normale di media

$$E\left[\sigma W_t\right] = \sigma E\left[W_t\right] = 0$$

e varianza

$$V\left(\sigma W_t\right) = \sigma^2 V\left(W_t\right) = \sigma^2 t.$$

Quindi: $\sigma W_t \sim N\left(0; \sigma^2 t\right)$.

Analogamente: per ogni $t > 0$ fissato $Y_t = \mu t + \sigma W_t$ (con μ nullo o non nullo) ha ancora distribuzione Normale di media

$$E\left[Y_t\right] = E\left[\mu t + \sigma W_t\right] = \mu t + \sigma E\left[W_t\right] = \mu t$$

e varianza

$$V\left(Y_t\right) = V\left(\mu t + \sigma W_t\right) = V\left(\sigma^2 W_t\right) = \sigma^2 t.$$

Quindi, per ogni $t > 0$ fissato, $Y_t \sim N\left(\mu t; \sigma^2 t\right)$ con $\mu = 0$ o $\mu \neq 0$.

4. In base al punto precedente, si ricava che

$$
\begin{aligned}
P\left(Y_6 - Y_2 < 0; Y_1 > 0\right) &= P\left(\sigma\left(W_6 - W_2\right) < -4\mu; \sigma W_1 > -\mu\right) = \\
&= P\left(\frac{W_6 - W_2}{2} < \frac{-2\mu}{\sigma}\right) \cdot P\left(W_1 > -\frac{\mu}{\sigma}\right) = \\
&= N\left(-\frac{2\mu}{\sigma}\right)\left[1 - N\left(-\frac{\mu}{\sigma}\right)\right] = \\
&= N\left(-0.5\right)\left[1 - N\left(-0.25\right)\right] = 0.185;
\end{aligned}
$$

$$
\begin{aligned}
P\left(Y_6 - Y_2 < 4\sigma\right) &= P\left(\sigma\left(W_6 - W_2\right) < -4\mu + 4\sigma\right) = \\
&= P\left(\frac{W_6 - W_2}{2} < \frac{-2\mu}{\sigma} + 2\right) = \\
&= N\left(\frac{3}{2}\right) = 0.933
\end{aligned}
$$

Sempre per le proprietà del moto browniano si ottiene

$$
\begin{aligned}
E\left[\left(Y_6 - Y_2\right) Y_1\right] &= E\left[\left(4\mu + \sigma\left(W_6 - W_2\right)\right)\left(\mu + \sigma W_1\right)\right] = \\
&= E\left[4\mu^2 + 4\mu\sigma W_1 + \mu\sigma\left(W_6 - W_2\right) + \sigma^2\left(W_6 - W_2\right) W_1\right] = \\
&= 4\mu^2 + 4\mu\sigma E\left[W_1\right] + \mu\sigma E\left[W_6 - W_2\right] + \sigma^2 E\left[\left(W_6 - W_2\right) W_1\right] = \\
&= 4\mu^2 + \sigma^2 E\left[\left(W_6 - W_2\right) W_1\right] = 4\mu^2,
\end{aligned}
$$

dove l'ultima uguaglianza può essere ottenuta in due modi equivalenti. Il primo è ottenuto grazie all'indipendenza di $\left(W_6 - W_2\right)$ e W_1; in questo caso quindi $E\left[\left(W_6 - W_2\right) W_1\right] = E\left[W_6 - W_2\right] E\left[W_1\right] = 0$. Il secondo modo deriva dall'osservazione che $E\left[W_t W_s\right] = \min\{s; t\}$. Di conseguenza: $E\left[\left(W_6 - W_2\right) W_1\right] = E\left[W_6 W_1\right] - E\left[W_2 W_1\right] = 1 - 1 = 0$.

Esercizio 1.2

Siano $\left(S_t^1\right)_{t\geq 0}$ e $\left(S_t^2\right)_{t\geq 0}$ due moti browniani geometrici che rappresentano il prezzo di due azioni. Si supponga che abbiano coefficienti di drift μ_1, μ_2, coefficienti di diffusione $\sigma > 0$ e 2σ, rispettivamente, e stesso valore iniziale, i.e. $S_0^1 = S_0^2 = S_0 > 0$.

1. Si determini $P\left(S_t^1 \geq S_t^2\right)$.

2. Quando $\mu_1 = 4\mu_2$ e $t = 4$ anni, si determini una condizione su μ_2/σ tale per cui $P\left(S_4^1 \geq S_4^2\right) \geq \frac{1}{4}$.

3. Si determinino $E\left[S_t^1 - S_t^2\right]$ e $V\left(\frac{S_t^1}{S_t^2}\right)$.

Svolgimento

Ricordiamo che se $(X_t)_{t\geq 0}$ è un moto browniano geometrico del tipo

$$X_t = X_0 e^{\mu t + \sigma W_t},$$

allora, per $0 \leq s \leq t$, $\ln\left(\frac{X_t}{X_s}\right)$ ha la seguente distribuzione:

$$\ln\left(\frac{X_t}{X_s}\right) \sim N\left(\mu\left(t - s\right); \sigma^2\left(t - s\right)\right).$$

1. Da quanto appena ricordato e dal fatto che $S_0^1 = S_0^2 = S_0 > 0$, deduciamo che

$$
\begin{aligned}
P\left(S_t^1 \geq S_t^2\right) &= P\left(S_0 e^{\mu_1 t + \sigma W_t} \geq S_0 e^{\mu_2 t + 2\sigma W_t}\right) = \\
&= P\left(\mu_1 t + \sigma W_t \geq \mu_2 t + 2\sigma W_t\right) = \\
&= P\left(\sigma W_t \leq \left(\mu_1 - \mu_2\right) t\right) = \\
&= P\left(\frac{W_t}{\sqrt{t}} \leq \frac{\left(\mu_1 - \mu_2\right)\sqrt{t}}{\sigma}\right) = \\
&= N\left(\frac{\left(\mu_1 - \mu_2\right)\sqrt{t}}{\sigma}\right).
\end{aligned}
$$

2. Abbiamo già ricavato al punto precedente la probabilità $P\left(S_t^1 \geq S_t^2\right)$. Quando $\mu_1 = 4\mu_2$ e $t = 4$, vale che

$$P\left(S_4^1 \geq S_4^2\right) = N\left(\frac{\left(\mu_1 - \mu_2\right)\sqrt{4}}{\sigma}\right) = N\left(\frac{6\mu_2}{\sigma}\right).$$

Affinché $P\left(S_4^1 \geq S_4^2\right) = N\left(\frac{6\mu_2}{\sigma}\right) \geq 0.25$, utilizzando le tabelle della Normale standard ricaviamo che deve valere necessariamente $\frac{6\mu_2}{\sigma} \geq -0.67$ e quindi $\frac{\mu_2}{\sigma} \geq -0.11$.

3. Per determinare il valore atteso di $\left(S_t^1 - S_t^2\right)$, ricordiamo che per $Y \sim N\left(m, s^2\right)$ vale che $E\left[e^Y\right] = e^{m+\frac{s^2}{2}}$.

   Si ottiene allora che

$$
\begin{aligned}
E\left[S_t^1 - S_t^2\right] &= E\left[\frac{S_t^1}{S_0} \cdot S_0\right] - E\left[\frac{S_t^2}{S_0} \cdot S_0\right] = \\
&= S_0 \cdot E\left[e^{\mu_1 t + \sigma W_t}\right] - S_0 \cdot E\left[e^{\mu_2 t + 2\sigma W_t}\right] = \\
&= S_0\left[e^{\mu_1 t + \frac{\sigma^2 t}{2}} - e^{\mu_2 t + 2\sigma^2 t}\right],
\end{aligned}
$$

siccome $\mu_1 t + \sigma W_t \sim N\left(\mu_1 t; \sigma^2 t\right)$ e $\mu_2 t + 2\sigma W_t \sim N\left(\mu_2 t; 4\sigma^2 t\right)$.

Per quanto riguarda la varianza, si ricava invece che

$$
\begin{aligned}
V\left(\frac{S_t^1}{S_t^2}\right) &= V\left(\frac{S_t^1}{S_0} \cdot \frac{S_0}{S_t^2}\right) = V\left(e^{\mu_1 t + \sigma W_t} \cdot e^{-(\mu_2 t + 2\sigma W_t)}\right) = \\
&= V\left(e^{(\mu_1 - \mu_2)t - \sigma W_t}\right) = E\left[\left(e^{(\mu_1 - \mu_2)t - \sigma W_t}\right)^2\right] - \left[E\left(e^{(\mu_1 - \mu_2)t - \sigma W_t}\right)\right]^2 = \\
&= E\left[e^{2(\mu_1 - \mu_2)t - 2\sigma W_t}\right] - \left[e^{(\mu_1 - \mu_2)t + \frac{\sigma^2 t}{2}}\right]^2 = \\
&= e^{2(\mu_1 - \mu_2)t + 2\sigma^2 t} - e^{2(\mu_1 - \mu_2)t + \sigma^2 t} = e^{2(\mu_1 - \mu_2)t + \sigma^2 t}\left[e^{\sigma^2 t} - 1\right],
\end{aligned}
$$

dove nelle uguaglianze precedenti si è utilizzato anche il fatto che W_t e $(-W_t)$ hanno la stessa distribuzione.

Esercizio 1.3

Su un mercato è stato osservato che il numero di azioni di un certo tipo che viene acquistato nel tempo (misurato in minuti) segue un processo di Poisson di intensità $\lambda = 12$ /minuto.

1. Si determini un numero (intero) di minuti da attendere perché più di 36 azioni siano acquistate con probabilità superiore o uguale al 94.8%. Si indichi con n^* tale numero minimo di minuti.

2. Si calcoli il tempo medio di attesa per l'acquisto di 40 azioni.

3. Supponiamo ora che lo stesso tipo di azioni sia venduto anche su un altro mercato e che il numero di azioni che viene acquistato nel tempo (misurato in minuti) su quest'altro mercato segua un processo di Poisson indipendente dal primo e di intensità $\mu = 8$ /minuto.

   Si determini con quale probabilità la somma delle azioni acquistate sui due mercati in n^* minuti (del punto 1.) è superiore a 72.

Svolgimento

1. Indichiamo con X_t il numero totale di azioni acquistate in t (misurato in minuti) sul primo mercato. Dobbiamo quindi determinare un numero di minuti t intero (che indicheremo con n^*) tale per cui $P\left(X_t > 36\right) \geq 0.948$.

   Dalle informazioni iniziali (processo di Poisson di intensità λ) deduciamo che
   $$X_t \sim Poi\left(\lambda t\right).$$
   Per tale motivo,
   $$P\left(X_t > 36\right) \;=\; 1 - P\left(X_t \leq 36\right) = 1 - \sum_{\kappa=0}^{36} e^{-\lambda t} \cdot \frac{(\lambda t)^k}{k!} =$$
   $$=\; 1 - \sum_{\kappa=0}^{36} e^{-12t} \cdot \frac{(12t)^k}{k!}.$$

   Siccome per $t = 1$ vale che $P\left(X_t > 36\right) = 1.44 \cdot 10^{-7}$, per $t = 2$ vale che $P\left(X_t > 36\right) = 0.008$, per $t = 3$ vale che $P\left(X_t > 36\right) = 0.456$ e per $t = 4$ vale che $P\left(X_t > 36\right) = 0.956$, allora il numero minimo di minuti da attendere affinché valga $P\left(X_t > 36\right) \geq 0.948$ è $n^* = 4$.

2. Indicando con T_i il tempo di attesa (misurato in minuti) dell'$i-$esimo acquisto, dalla definizione di processo di Poisson segue che
   $$T_{i+1} - T_i \sim Exp\left(\lambda\right).$$
   Ne ricaviamo quindi che il tempo medio di acquisto di 40 azioni (tempo misurato in minuti) è dato da
   $$E\left[T_{40} - T_0\right] \;=\; E\left[T_{40} - T_{39}\right] + E\left[T_{39} - T_{38}\right] + ... + E\left[T_1 - T_0\right] =$$
   $$=\; \frac{1}{\lambda} + \frac{1}{\lambda} + ... + \frac{1}{\lambda} = \frac{40}{\lambda} = \frac{40}{12} = 3.33 \text{ minuti.}$$

3. Indichiamo ora con Y_t il numero di azioni acquistate in t (misurato in minuti) sul secondo mercato e ricordiamo (dal punto 1.) che $n^* = 4$.

   Dalle informazioni iniziali (Y_t è un processo di Poisson di intensità μ) deduciamo che
   $$Y_t \sim Poi\left(\mu t\right).$$
   Siccome per ipotesi X_t e Y_t sono indipendenti, allora
   $$X_t + Y_t \sim Poi\left(\left(\lambda + \mu\right) t\right).$$
   Otteniamo quindi che
   $$P\left(X_{n^*} + Y_{n^*} > 72\right) \;=\; 1 - P\left(X_4 + Y_4 \leq 72\right) =$$
   $$=\; 1 - \sum_{k=0}^{72} e^{-4(\lambda+\mu)} \cdot \frac{\left(4\left(\lambda + \mu\right)\right)^k}{k!} =$$
   $$=\; 1 - \sum_{k=0}^{72} e^{-80} \cdot \frac{(80)^k}{k!} \cong 0.80$$

Esercizio 1.4

Si consideri un titolo azionario il cui valore corrente sia pari a 8 euro.

In ciascuno dei prossimi due anni il prezzo di tale azione potrà salire del 20% (con probabilità pari al 40%) oppure scendere del 20% (con probabilità pari al 60%).

Si indichi con $(S_n)_{n=0,1,2}$ il processo stocastico che rappresenta il valore del titolo azionario ora, tra un anno e tra due anni.

Si indichi con u (rispettivamente d) il fattore di crescita (rispettivamente di decrescita) del prezzo su ogni periodo e con $S_1^u = S_0 u$; $S_1^d = S_0 d$; $S_2^{uu} = S_0 u^2$; $S_2^{ud} = S_0 ud$ e $S_2^{dd} = S_0 d^2$.

1. $(S_n)_{n=0,1,2}$ è una martingala rispetto alla misura di probabilità di cui sopra (ed alla filtrazione generata da $(S_n)_{n=0,1,2}$)?

2. Si consideri il processo stocastico definito come segue:

$$\tilde{S}_0 \triangleq S_0$$
$$\tilde{S}_1^u \triangleq S_1^u - k; \quad \tilde{S}_1^d \triangleq S_1^d + k$$
$$\tilde{S}_2 \triangleq S_2.$$

Esiste un $k > 0$ tale per cui $\left(\tilde{S}_n\right)_{n=0,1,2}$ è una martingala rispetto alla misura di probabilità del punto precedente?

3. Esiste una misura di probabilità Q tale per cui la probabilità che il prezzo dell'azione salga (rispettivamente scenda) nel primo e nel secondo anno sia la stessa e tale per cui $(S_n)_{n=0,1,2}$ sia una martingala rispetto a Q?

4. Esistono $\hat{u} > 1$, $\hat{d} > 0$ tale per cui il nuovo processo di prezzo sia una martingala rispetto alla misura di probabilità del punto 1.?

Svolgimento

Dai dati dell'esercizio otteniamo che $u = 1.2$ (fattore di crescita) e $d = 0.8$ (fattore di descrescita). Quindi il prezzo dell'azione evolve come di seguito:

$$
\begin{array}{ccccc}
 & & & & 11.52 = S_0 u^2 \\
 & & S_0 u = 9.6 & \nearrow & \\
 & \nearrow & & \searrow & \\
S_0 = 8 & & & & 7.68 = S_0 ud \\
 & \searrow & & \nearrow & \\
 & & S_0 d = 6.4 & & \\
 & & & \searrow & \\
 & & & & 5.12 = S_0 d^2 \\
\hline
0 & & 1 \text{ anno } (S_1) & & 2 \text{ anni } (S_2)
\end{array}
$$

Si ha inoltre che la misura di probabilità specificata è tale che

$$
\begin{aligned}
P\left(S_1 = 9.6\right) &= 0.4; \quad P\left(S_1 = 6.4\right) = 0.6 \\
P\left(S_2 = 11.52\right) &= 0.16; \quad P\left(S_2 = 7.68\right) = 0.48; \quad P\left(S_2 = 5.12\right) = 0.36 \\
P\left(S_2 = 11.52 \middle| S_1 = 9.6\right) &= P\left(S_2 = 7.68 \middle| S_1 = 6.4\right) = 0.4 \\
P\left(S_2 = 7.68 \middle| S_1 = 9.6\right) &= P\left(S_2 = 5.12 \middle| S_1 = 6.4\right) = 0.6
\end{aligned}
$$

e così via.

1. Controlliamo innanzitutto se $(S_n)_{n=0,1,2}$ è una martingala rispetto a P. Siccome

$$
\begin{aligned}
E\left[S_1 \middle| S_0\right] &= S_1^u p + S_1^d (1-p) = 9.6 \cdot 0.4 + 6.4 \cdot 0.6 = \\
&= 7.68 \neq S_0,
\end{aligned}
$$

possiamo concludere immediatamente che $(S_n)_{n=0,1,2}$ non è una martingala rispetto a P.

2. Verifichiamo se le seguenti uguaglianze sono entrambe verificate per qualche $k > 0$:

$$
\begin{aligned}
E\left[\tilde{S}_1 \middle| \tilde{S}_0\right] &= \tilde{S}_0 \\
E\left[\tilde{S}_2 \middle| \tilde{S}_1\right] &= \tilde{S}_1.
\end{aligned}
$$

La prima è equivalente a quanto segue:

$$
\begin{aligned}
E\left[\tilde{S}_1 \middle| \tilde{S}_0\right] &= \tilde{S}_0 \\
(9.6 - k) \cdot 0.4 + (6.4 + k) \cdot 0.6 &= 8 \\
7.68 + 0.2 \cdot k &= 8 \\
k &= 1.6,
\end{aligned}
$$

che implica $\tilde{S}_1^u = \tilde{S}_1^d = 8$. Si ha, in questo caso, che

$$
E\left[\tilde{S}_2 \middle| \tilde{S}_1 = \tilde{S}_1^u\right] = 11.52 \cdot 0.4 + 7.68 \cdot 0.6 = 9.216 \neq \tilde{S}_1^u.
$$

Di conseguenza, $\left(\tilde{S}_n\right)_{n=0,1,2}$ non è una martingala rispetto a P.

3. Definiamo Q la misura di probabilità seguente

$$
\begin{aligned}
Q\left(S_1 = 9.6\right) &= q; \quad Q\left(S_1 = 6.4\right) = 1 - q \\
Q\left(S_2 = 11.52\right) &= q^2; \quad Q\left(S_2 = 7.68\right) = 2q(1-q) \\
Q\left(S_2 = 5.12\right) &= (1-q)^2 \\
Q\left(S_2 = 11.52 \middle| S_1 = 9.6\right) &= Q\left(S_2 = 7.68 \middle| S_1 = 6.4\right) = q \\
Q\left(S_2 = 7.68 \middle| S_1 = 9.6\right) &= Q\left(S_2 = 5.12 \middle| S_1 = 6.4\right) = 1 - q.
\end{aligned}
$$

Cerchiamo quindi $q \in (0,1)$ tale per cui

$$\begin{aligned}
E_Q\left[S_1\middle|S_0\right] &= S_0 \\
E_Q\left[S_2\middle|S_1\right] &= S_1,
\end{aligned}$$

ovvero tale per cui

$$\begin{aligned}
E_Q\left[S_1\middle|S_0\right] &= S_0 & (1.3) \\
E_Q\left[S_2\middle|S_1 = S_1^u\right] &= S_1^u & (1.4) \\
E_Q\left[S_2\middle|S_1 = S_1^d\right] &= S_1^d. & (1.5)
\end{aligned}$$

Dall'equazione (1.3) si ottiene che

$$\begin{aligned}
S_0 u q + S_0 d\,(1-q) &= S_0 \\
q &= \frac{1-d}{u-d} = \frac{1}{2}.
\end{aligned}$$

Resta quindi da controllare se tale q soddisfa anche le equazioni (1.4) e (1.5) oppure no.

Siccome vale che $uq + d\,(1-q) = 1$, si ricava che

$$\begin{aligned}
E_Q\left[S_2\middle|S_1 = S_1^u\right] &= S_0 u^2 q + S_0 u d\,(1-q) = \\
&= S_0 u\,[uq + d\,(1-q)] = \\
&= S_0 u = S_1^u,
\end{aligned}$$

ovvero che la (1.4) è soddisfatta. In modo analogo può essere verificata la (1.5).

Di conseguenza, $(S_n)_{n=0,1,2}$ è una martingala rispetto alla probabilità Q definita come sopra con $q = 0.5$.

4. Vogliamo stabilire se esistono $\hat{u} > 1$ e $\hat{d} > 0$ tali per cui il processo stocastico $\left(\hat{S}_n\right)_{n=0,1,2}$ definito come segue sia una martingala rispetto a P (ed alla filtrazione naturale):

$$
\begin{array}{ccccc}
 & & & & S_0\hat{u}^2 \\
 & & & \nearrow & \\
 & & S_0\hat{u} & & \\
 & \nearrow & & \searrow & \\
\hat{S}_0 = S_0 = 8 & & & & S_0\hat{u}\hat{d} \\
 & \searrow & & \nearrow & \\
 & & S_0\hat{d} & & \\
 & & & \searrow & \\
 & & & & S_0\hat{d}^2
\end{array}
$$

$$
\begin{array}{ccc}
\text{-----} & \text{------} & \text{------} \\
0 & 1\ \text{anno}\ \ (\hat{S}_1) & 2\ \text{anni}\ \ (\hat{S}_2)
\end{array}
$$

Analogamente ai punti precedenti, dobbiamo verificare se esistono $\hat{u} > 1$ e $\hat{d} > 0$ soddisfacenti $E\left[\hat{S}_1 \middle| \hat{S}_0\right] = \hat{S}_0$ e $E\left[\hat{S}_2 \middle| \hat{S}_1\right] = \hat{S}_1$. O, equivalentemente, se il seguente sistema di incognite $\left(\hat{u}, \hat{d}\right)$ ammette soluzioni:

$$\begin{cases} S_0\hat{u}p + S_0\hat{d}(1-p) = S_0 \\ S_0\hat{u}^2p + S_0\hat{u}\hat{d}(1-p) = S_0\hat{u} \\ S_0\hat{u}\hat{d}p + S_0\hat{d}^2(1-p) = S_0\hat{d} \end{cases}$$

Siccome il sistema precedente è equivalente a $\hat{u}p + \hat{d}(1-p) = 1$, ricaviamo che

$$\begin{aligned} \hat{u}p + \hat{d} - \hat{d}p &= 1 \\ \hat{u} &= \frac{1 - \hat{d} + \hat{d}p}{p}. \end{aligned}$$

Scegliendo ad esempio $\hat{d} = 0.8$, si ottiene $\hat{u} = 1.3 > 1$. La coppia $\left(\hat{u} = 1.3; \hat{d} = 0.8\right)$ è quindi una delle infinite coppie tali per cui il processo $\left(\hat{S}_n\right)_{n=0,1,2}$ corrispondente è una martingala rispetto a P.

Esercizio 1.5

Si consideri il titolo azionario dell'esercizio precedente e si supponga che su ogni periodo la probabilità che il prezzo del titolo salga sia pari a p, mentre quella che scenda sia pari a $(1-p)$.

Si considerino poi due variabili X_1 e X_2 definite come segue:

$$X_1 = \begin{cases} 1; & \text{se } S_1 = S_1^u \\ 0; & \text{se } S_1 = S_1^d \end{cases}$$

$$X_2 = \begin{cases} 2; & \text{se } S_2 = S_2^{uu} \\ 1; & \text{se } S_2 = S_2^{ud} \\ 0; & \text{se } S_2 = S_2^{dd} \end{cases}$$

1. Si scriva $P\left(S_2 = S_2^{uu}\right)$ in funzione di $P\left(X_2 = 2\right)$.

2. $\left(X_n\right)_{n=1,2}$ è un processo binomiale?

Svolgimento

1. Dal modo in cui è stata definita la variabile aleatoria X_2 si ricava immediatamente che

$$\begin{aligned} P\left(X_2 = 2\right) &= P\left(S_2 = S_2^{uu}\right) = p^2 \\ P\left(X_2 = 1\right) &= P\left(S_2 = S_2^{ud}\right) = 2p(1-p) \\ P\left(X_2 = 0\right) &= P\left(S_2 = S_2^{dd}\right) = (1-p)^2. \end{aligned}$$

2. Verifichiamo se $(X_n)_{n=1,2}$ è un processo binomiale, i.e. se $X_1 \sim Bin\,(1;p)$ e $X_2 \sim Bin\,(2;p)$.

   È immediato notare che $X_1 \sim Bin\,(1;p)$. Dalla definizione di variabile aleatoria Binomiale di parametri $n=2$ e p e dalle probabilità calcolate nel punto 1., si ricava che $X_2 \sim Bin\,(2;p)$.

   Di conseguenza, $(X_n)_{n=1,2}$ è un processo binomiale.

1.3 Esercizi proposti

$\boxed{\text{Es. 1.6}}$ Sia $(W_t)_{t\geq 0}$ un moto browniano standard.

Si considerino poi due azioni i cui guadagni associati (prezzo attuale dell'azione al netto del prezzo di acquisto) evolvano, rispettivamente, come

$$
\begin{aligned}
X_t &= \mu t + \sigma W_t \\
Y_t &= \mu_1 t + \sigma_1 W_t
\end{aligned}
$$

con $X_0 = 1$, $Y_0 = 10$, $\mu = 20$, $\mu_1 = 10$, $\sigma = 10$ e $\sigma_1 = 20$ (euro) annui.

Sulla base delle due azioni di cui sopra, si consideri poi un particolare titolo derivato il cui valore al tempo t sia dato da

$$Z_t = X_t^2 Y_t.$$

(a) Supponiamo di essere interessati all'acquisto del titolo derivato di cui sopra solo se tra 2 anni il suo valore medio supera $10 X_0^2 Y_0$ (ovvero 10 volte il suo prezzo odierno). Acquistiamo oppure no tale titolo?

(b) Si determinino la probabilità che il guadagno netto $(Z_1 - Z_0)$ tra un anno sia positivo e la probabilità che il guadagno netto tra il primo ed il secondo anno $(Z_2 - Z_1)$ superi 100 euro.

(c) Si calcoli la probabilità che avvengano entrambi gli eventi del punto precedente $(Z_1 - Z_0 > 0$ e $Z_2 - Z_1 > 100)$. Tali eventi sono indipendenti?

$\boxed{\text{Es. 1.7}}$ Sia $(W_t)_{t\geq 0}$ un moto browniano standard.

Si consideri poi una particolare azione il cui prezzo $(Y_t)_{t\geq 0}$ evolva come

$$Y_t = Y_0 e^{\mu t + \sigma W_t}.$$

(a) Si calcoli $P\left(Y_t^2 \geq Y_t\right)$ quando $Y_0 = 4$, $t = 2$, $\mu = 0.1$ e $\sigma = 0.4$.

(b) Y_{2t} e Y_t^2 hanno la stessa distribuzione quando $Y_0 = 1$?

(c) Si calcolino $E\left[\ln\left(\frac{Y_8^2}{Y_{16}}\right)\right]$ e $V\left(\ln\left(\frac{Y_8^2}{Y_{16}}\right)\right)$ quando $Y_0 = 1$.
    [Suggerimento: si ricordi che $E\left[W_t W_s\right] = \min\,(s;t).$]

Capitolo 2

Formula di Itô ed equazioni differenziali stocastiche

2.1 Richiami di teoria

Dato un processo stocastico $(V_t)_{t\geq 0}$ di traiettorie a variazione limitata e data una funzione f sufficientemente regolare, è possibile definire come segue l'integrale di $Z_t = f(V_t)$ rispetto a dV_t

$$\int_0^t Z_s dV_s = \int_0^t f(V_s)dV_s, \qquad (2.1)$$

ovvero come integrale di Riemann-Stieltjes.

Viceversa, se le traiettorie del processo $(V_t)_{t\geq 0}$ non sono a variazione limitata e la funzione f non è sufficientemente regolare, l'integrale suddetto come integrale di Riemann-Stieltjes può non esistere. Questo è il caso del processo di Wiener o moto browniano, per il quale non è possibile in generale definire l'integrale

$$\int f(W_s)dW_s$$

come integrale di Riemann-Stieltjes.

Più precisamente, un *integrale stocastico (di Itô)* della forma $\int_0^t H_s dW_s$ ha senso a patto che il processo $(H_t)_{t\geq 0}$ soddisfi un'*opportuna condizione di misurabilità* (si usa dire che $(H_t)_{t\geq 0}$ sia *adattato*) e che valga $\int_0^t H_s^2 ds < +\infty$ P–q.c. È quindi possibile dare un significato ad un'espressione del tipo:

$$X_t = X_0 + \int_0^t g(X_s, s)ds + \int_0^t \sigma(X_s, s)dW_s \qquad (2.2)$$

dove, sotto le dovute ipotesi di regolarità per le funzioni g e σ, il primo integrale va inteso come integrale di Riemann-Stieltjes mentre il secondo integrale come integrale di Itô. L'espressione precedente viene talvolta scritta nel modo seguente:

$$dX_t = g(X_t, t)dt + \sigma(X_t, t)dW_t \tag{2.3}$$
$$X(0) = X_0 \tag{2.4}$$

alla quale viene dato il nome di *equazione differenziale stocastica* (o, brevemente, EDS). Si sottolinea come le due scritture precedenti siano da intendere in modo equivalente: la seconda forma è solo un modo differente di scrivere la prima.

Risultato fondamentale nell'ambito del calcolo differenziale stocastico è il cosiddetto Lemma di Itô.

Nel seguito, indicheremo con $f(x,t) \in C^{2,1}(\mathbb{R}, \mathbb{R}^+)$ una funzione differenziabile con continuità due volte rispetto alla variabile x ed una volta rispetto alla variabile tempo t. Un significato analogo vale per $f(x_1, ..., x_n, t) \in C^{2,1}(\mathbb{R}^n, \mathbb{R}^+)$.

Lemma 2.1.1 (Lemma di Itô per funzioni di una variabile e del tempo)
Sia $f(x,t) \in C^{2,1}(\mathbb{R}, \mathbb{R}^+)$ una funzione assegnata.

Se il processo $(X_t)_{t \geq 0}$ soddisfa la seguente equazione:

$$dX_t = \mu(t)\,dt + \sigma(t)\,dW_t, \tag{2.5}$$

allora il processo stocastico $(Z_t)_{t \geq 0}$ definito come $Z_t \triangleq f(X_t, t)$ soddisfa la seguente equazione:

$$\begin{aligned} dZ_t &= \frac{\partial f}{\partial t}(X_t, t)\,dt + \frac{\partial f}{\partial x}(X_t, t)\,dX_t + \frac{1}{2}\frac{\partial^2 f}{\partial x^2}(X_t, t)\,\sigma^2(t)\,dt = \\ &= \left(\frac{\partial f}{\partial t} + \mu\frac{\partial f}{\partial x} + \frac{\sigma^2}{2}\frac{\partial^2 f}{\partial x^2}\right)(X_t, t)\,dt + \sigma(t)\frac{\partial f}{\partial x}(X_t, t)\,dW_t. \end{aligned} \tag{2.6}$$

Il Lemma di Itô viene generalizzato come segue a funzioni di più variabili e del tempo.

Lemma 2.1.2 (Lemma di Itô per funzioni di più variabili e del tempo)
Sia $f(x_1, x_2, ..., x_n, t)$ una funzione delle n variabili $x_1, ..., x_n$ e di t, con f di classe $C^{2,1}(\mathbb{R}^n, \mathbb{R}^+)$.

Se, per ogni $i = 1, 2, ..., n$, il processo stocastico $X^i = (X_t^i)_{t \geq 0}$ soddisfa la seguente equazione

$$dX_t^i = \mu^i(t)\,dt + \sigma^i(t)\,dW_t^i, \tag{2.7}$$

allora il processo stocastico $(Z_t)_{t \geq 0}$ definito come $Z_t \triangleq f(X_t^1, X_t^2, ..., X_t^n, t)$

soddisfa la seguente equazione:

$$dZ_t = \frac{\partial f}{\partial t}\left(X_t^1,...,X_t^n,t\right)dt + \sum_{i=1}^n \frac{\partial f}{\partial x_i}\left(X_t^1,...,X_t^n,t\right)dX_t^i +$$

$$+\frac{1}{2}\sum_{i,j=1}^n \sigma^i\sigma^j\rho_{ij}\frac{\partial^2 f}{\partial x_i\partial x_j}\left(X_t^1,...,X_t^n,t\right)dt$$

$$= \left[\frac{\partial f}{\partial t} + \sum_{i=1}^n \mu^i\frac{\partial f}{\partial x_i} + \frac{1}{2}\sum_{i,j=1}^n \sigma^i\sigma^j\rho_{ij}\frac{\partial^2 f}{\partial x_i\partial x_j}\right]\left(X_t^1,...,X_t^n,t\right) +$$

$$+\sum_{i=1}^n \sigma^i\frac{\partial f}{\partial x_i}\left(X_t^1,...,X_t^n,t\right)dW_t^i \tag{2.8}$$

dove $\rho_{ij} = E\left[dW^i dW^j\right]/dt$ *è il coefficiente di correlazione tra i processi di Wiener (standard)* W^i, W^j.

È chiaro che nel caso particolare in cui la funzione f non dipende dalla variabile temporale t, la (2.6) si riduce a

$$dZ_t = \left(\mu f'\left(X_t\right) + \frac{\sigma^2}{2}f''\left(X_t\right)\right)dt + \sigma f'\left(X_t\right)dW_t, \tag{2.9}$$

mentre la (2.8) si riduce a

$$dZ_t = \left[\sum_{i=1}^n \mu^i\frac{\partial f}{\partial x_i} + \frac{1}{2}\sum_{i,j=1}^n \sigma^i\sigma^j\rho_{ij}\frac{\partial^2 f}{\partial x_i\partial x_j}\right]\left(X_t^1,...,X_t^n\right)dt +$$

$$+\sum_{i=1}^n \sigma^i\frac{\partial f}{\partial x_i}\left(X_t^1,...,X_t^n\right)dW_t^i. \tag{2.10}$$

Per un approfondimento sistematico delle nozioni qui richiamate in modo molto sintetico, rimandiamo il lettore ai testi di Björk [2], Mikosch [10] e Øksendal [12].

2.2 Esercizi svolti

Esercizio 2.1

Siano $(W_t)_{t\geq 0}$ un moto browniano standard, $\left(S_t^1\right)_{t\geq 0}$ e $\left(S_t^2\right)_{t\geq 0}$ due processi stocastici soddisfacenti le seguenti equazioni differenziali stocastiche:

$$\begin{aligned} dS_t^1 &= \mu_1 S_t^1 dt + \sigma_1 S_t^1 dW_t; \quad S_0^1 = s_0^1 > 0 \\ dS_t^2 &= \mu_2 S_t^2 dt + \sigma_2 S_t^2 dW_t; \quad S_0^2 = s_0^2 > 0 \end{aligned}$$

dove $\mu_1, \mu_2 \in \mathbb{R}$ e $\sigma_2 > \sigma_1 > 0$.

1. Se $f(x) = \ln x$, qual è la dinamica/equazione differenziale stocastica del processo stocastico $\left(f\left(S_t^1\right)\right)_{t \geq 0}$? E di $\left(f\left(S_t^2\right)\right)_{t \geq 0}$?

2. Per $\mu = \mu_1 = \mu_2$, si determini l'equazione differenziale stocastica di $Y_t = g\left(S_t^1, S_t^2\right) = \ln\left(\frac{S_t^1}{S_t^2}\right)$. $(Y_t)_{t \geq 0}$ è un moto browniano geometrico? O è un moto browniano? O è un moto browniano con drift?

3. Come nel punto precedente ma con $Z_t = h\left(S_t^1, S_t^2\right) = \ln\left(S_t^1 \cdot S_t^2\right)$.

Svolgimento

1. Siccome in questo caso $f'(x) = \frac{1}{x}$ e $f''(x) = -\frac{1}{x^2}$, per la formula di Itô si ha allora che

$$
\begin{aligned}
df\left(S_t^1\right) &= d\left(\ln S_t^1\right) = f'\left(S_t^1\right) dS_t^1 + \frac{1}{2} f''\left(S_t^1\right) \left[\sigma_1 S_t^1\right]^2 dt = \\
&= \frac{1}{S_t^1} dS_t^1 - \frac{1}{2} \frac{1}{\left(S_t^1\right)^2} \left[\sigma_1 S_t^1\right]^2 dt = \\
&= \frac{1}{S_t^1} \left[\mu_1 S_t^1 dt + \sigma_1 S_t^1 dW_t\right] - \frac{1}{2}\sigma_1^2 dt = \\
&= \left(\mu_1 - \frac{1}{2}\sigma_1^2\right) dt + \sigma_1 dW_t.
\end{aligned}
$$

L'equazione differenziale stocastica soddisfatta da $\left(f\left(S_t^1\right)\right)_{t \geq 0}$ è allora:

$$
\begin{aligned}
df\left(S_t^1\right) &= \left(\mu_1 - \frac{1}{2}\sigma_1^2\right) dt + \sigma_1 dW_t \\
f\left(S_0^1\right) &= \ln\left(S_0^1\right).
\end{aligned}
$$

Osservazione Dall'equazione differenziale precedente, si ottiene che

$$
\ln\left(S_t^1\right) = \ln\left(S_0^1\right) + \left(\mu_1 - \frac{1}{2}\sigma_1^2\right) t + \sigma_1 W_t.
$$

Di conseguenza:

$$
S_t^1 = S_0^1 \cdot \exp\left(\left(\mu_1 - \frac{1}{2}\sigma_1^2\right) t + \sigma_1 W_t\right). \tag{2.11}
$$

Analogamente a quanto fatto sopra, si ottiene che

$$
\begin{aligned}
df\left(S_t^2\right) &= \left(\mu_2 - \frac{1}{2}\sigma_2^2\right) dt + \sigma_2 dW_t \\
f\left(S_0^2\right) &= \ln\left(S_0^2\right).
\end{aligned}
$$

2. Per determinare l'equazione differenziale stocastica di $g\left(S_t^1, S_t^2\right)$ abbiamo due modi possibili. Il primo modo (più lungo) è quello di applicare la formula di Itô alla funzione g. Il secondo modo è quello di osservare che $Y_t = g\left(S_t^1, S_t^2\right) = \ln\left(\frac{S_t^1}{S_t^2}\right) = \ln\left(S_t^1\right) - \ln\left(S_t^2\right)$ (per le proprietà del logaritmo e siccome $S_0^1, S_0^2 > 0$). Per il punto precedente e dal momento che $\mu = \mu_1 = \mu_2$, si ha che

$$
\begin{aligned}
dY_t &= d\left(\ln S_t^1\right) - d\left(\ln S_t^2\right) = \\
&= df\left(S_t^1\right) - df\left(S_t^2\right) = \\
&= \frac{1}{2}\left(\sigma_2^2 - \sigma_1^2\right) dt + (\sigma_2 - \sigma_1)\, dW_t.
\end{aligned}
$$

L'equazione differenziale stocastica soddisfatta da $(Y_t)_{t\geq 0}$ è allora

$$
\begin{aligned}
dY_t &= \frac{1}{2}\left(\sigma_2^2 - \sigma_1^2\right) dt + (\sigma_2 - \sigma_1)\, dW_t \\
Y_0 &= \ln\left(\frac{S_0^1}{S_0^2}\right)
\end{aligned}
$$

Se ne deduce quindi che $(Y_t)_{t\geq 0}$ non è né un moto browniano nè un moto browniano con drift né un moto browniano geometrico, bensì un moto browniano con coefficiente di drift $\mu^* = \frac{1}{2}\left(\sigma_2^2 - \sigma_1^2\right)$ e coefficiente di diffusione $\sigma^* = \sigma_2 - \sigma_1$.

3. Analogamente al punto precedente si ottiene che

$$
\begin{aligned}
dZ_t &= d\left(\ln S_t^1\right) + d\left(\ln S_t^2\right) = \\
&= df\left(S_t^1\right) + df\left(S_t^2\right) = \\
&= \left(2\mu - \frac{1}{2}\left(\sigma_1^2 + \sigma_2^2\right)\right) dt + (\sigma_1 + \sigma_2)\, dW_t.
\end{aligned}
$$

Di conseguenza, $(Z_t)_{t\geq 0}$ è un moto browniano con coefficiente di drift $\hat{\mu} = 2\mu - \frac{1}{2}\left(\sigma_1^2 + \sigma_2^2\right)$ e coefficiente di diffusione $\hat{\sigma} = \sigma_1 + \sigma_2$.

Esercizio 2.2

Siano $\left(S_t^1\right)_{t\geq 0}$ e $\left(S_t^2\right)_{t\geq 0}$ i processi stocastici che rappresentano i prezzi di due titoli azionari. Si supponga che tali prezzi evolvano come segue:

$$
\begin{aligned}
dS_t^1 &= \mu^1 S_t^1 dt + \sigma^1 S_t^1 dW_t^1 \\
dS_t^2 &= \mu^2 S_t^2 dt + \sigma^2 S_t^2 dW_t^2,
\end{aligned}
$$

dove $\mu^1, \mu^2 \in \mathbb{R}$, $\sigma^1, \sigma^2 > 0$ e $\left(W_t^1\right)_{t\geq 0}, \left(W_t^2\right)_{t\geq 0}$ sono due moti browniani standard indipendenti.

1. Si determini la dinamica del valore di un titolo derivato

$$f\left(S_t^1, S_t^2\right) = \left(S_t^1\right)^2 - S_t^1 S_t^2 - K,$$

dove $K > 0$.

2. Che cosa cambierebbe se si avesse

$$g\left(t, S_t^1, S_t^2\right) = \left(S_t^1\right)^2 - S_t^1 S_t^2 - Kt$$

al posto di f?

Svolgimento

1. Per la formula di Itô in più dimensioni abbiamo che

$$
\begin{aligned}
df\left(S_t^1, S_t^2\right) &= \tfrac{\partial f}{\partial S^1}\left(S_t^1, S_t^2\right) dS_t^1 + \tfrac{\partial f}{\partial S^2}\left(S_t^1, S_t^2\right) dS_t^2 \\
&+ \tfrac{1}{2}\left[\tfrac{\partial^2 f}{\partial (S^1)^2}\left(S_t^1, S_t^2\right)\left(\sigma_t^1 S_t^1\right)^2 dt + \tfrac{\partial^2 f}{\partial (S^2)^2}\left(S_t^1, S_t^2\right)\left(\sigma_t^2 S_t^2\right)^2 dt \right. \\
&\qquad \left. + 2\tfrac{\partial^2 f}{\partial S^1 \partial S^2}\left(S_t^1, S_t^2\right)\sigma^1 S_t^1 \sigma^2 S_t^2 \rho_{12} dt \right] \\
&= \left(2S_t^1 - S_t^2\right) dS_t^1 - S_t^1 dS_t^2 + \tfrac{1}{2}\left[2\left(\sigma_t^1 S_t^1\right)^2 dt + 0 - 2\sigma^1 S_t^1 \sigma^2 S_t^2 \rho_{12} dt\right] \\
&= \left(2S_t^1 - S_t^2\right) dS_t^1 - S_t^1 dS_t^2 + \left(\sigma_t^1 S_t^1\right)^2 dt,
\end{aligned}
$$

siccome in questo caso $\frac{\partial f}{\partial x_1}(x_1, x_2) = 2x_1 - x_2$, $\frac{\partial f}{\partial x_2}(x_1, x_2) = -x_1$, $\frac{\partial^2 f}{\partial x_1^2}(x_1, x_2) = 2$, $\frac{\partial^2 f}{\partial x_2^2}(x_1, x_2) = 0$, $\frac{\partial^2 f}{\partial x_1 \partial x_2}(x_1, x_2) = -1$ e, per l'indipendenza dei due moti browniani, $\rho_{12} = 0$.

Vale inoltre che $f\left(S_0^1, S_0^2\right) = \left(S_0^1\right)^2 - S_0^1 S_0^2 - K$.

2. Per la formula di Itô per funzioni di più variabili e del tempo, procedendo analogamente al punto precedente ricaviamo che

$$
\begin{aligned}
dg\left(t, S_t^1, S_t^2\right) &= \tfrac{\partial g}{\partial t}\left(t, S_t^1, S_t^2\right) dt + \tfrac{\partial g}{\partial S^1}\left(t, S_t^1, S_t^2\right) dS_t^1 + \tfrac{\partial g}{\partial S^2}\left(t, S_t^1, S_t^2\right) dS_t^2 \\
&+ \tfrac{1}{2}\left[\tfrac{\partial^2 g}{\partial (S^1)^2}\left(t, S_t^1, S_t^2\right)\left(\sigma_t^1 S_t^1\right)^2 dt + \tfrac{\partial^2 g}{\partial (S^2)^2}\left(t, S_t^1, S_t^2\right)\left(\sigma_t^2 S_t^2\right)^2 dt \right. \\
&\qquad \left. + 2\tfrac{\partial^2 g}{\partial S^1 \partial S^2}\left(t, S_t^1, S_t^2\right)\sigma^1 S_t^1 \sigma^2 S_t^2 \rho_{12} dt \right] \\
&= -K dt + \left(2S_t^1 - S_t^2\right) dS_t^1 - S_t^1 dS_t^2 + \left(\sigma_t^1 S_t^1\right)^2 dt.
\end{aligned}
$$

Vale inoltre che $g\left(0, S_0^1, S_0^2\right) = \left(S_0^1\right)^2 - S_0^1 S_0^2$.

Esercizio 2.3

Il prezzo di un'azione segue un moto browniano geometrico di questa forma:

$$dS_t = \mu S_t dt + \sigma S_t dW_t, \tag{2.12}$$

dove il prezzo corrente dell'azione è $S_0 = 40$ euro, $\mu = 0.1$ e $\sigma = 0.4$ (annui).

1. È più probabile esercitare un'opzione Call europea[1] oppure una Put europea, entrambe scritte su tale azione, di strike 24 euro e maturità 2 anni?

2. Supponiamo ora che il prezzo $\tilde{S}_T$ di un'altra azione alla data di maturità $T = 2$ anni sia un multiplo del prezzo della prima azione, i.e. $\tilde{S}_T = cS_T$ con $c > 0$. È possibile scegliere la costante $c > 0$ in modo che la probabilità di esercitare la Put europea scritta su questa seconda azione sia almeno pari al doppio della probabilità di esercitare la Call corrispondente?

3. Si determini il massimo strike E^* tale per cui $\phi = (S_T - E^*)^+$, detto payoff della Call europea di cui sopra ma di strike E^*, sia almeno pari a 6 euro con probabilità non inferiore al 20%.

Svolgimento

Come osservato nell'Esercizio 2.1 (si veda la (2.11)), il prezzo dell'azione considerata è dato da:

$$S_t = S_0 \exp\left\{\left(\mu - \frac{1}{2}\sigma^2\right)t + \sigma W_t\right\}. \tag{2.13}$$

1. Affinché un'opzione Call europea sia esercitata, deve succedere che il prezzo dell'azione a maturità sia almeno pari allo strike.Di conseguenza:

$$
\begin{aligned}
P\left(\{\text{Call sia esercitata}\}\right) &= P\left(S_T \geq E\right) = \\
&= P\left(\ln(S_T) \geq \ln(E)\right) = \\
&= P\left(\ln\left(S_0\right) + \left(\mu - \frac{1}{2}\sigma^2\right)T + \sigma W_T \geq \ln\left(E\right)\right) = \\
&= P\left(W_T \geq \frac{\ln(E) - \ln(S_0) - \left(\mu - \frac{1}{2}\sigma^2\right)T}{\sigma}\right).
\end{aligned}
$$

Siccome tuttavia $W_T \sim N\left(0; T\right)$ e quindi $\frac{W_T}{\sqrt{T}} \sim N\left(0; 1\right)$, si ottiene che

$$
\begin{aligned}
P\left(\{\text{Call sia esercitata}\}\right) &= P\left(\frac{W_T}{\sqrt{T}} \geq \frac{\ln(E) - \ln(S_0) - \left(\mu - \frac{1}{2}\sigma^2\right)T}{\sigma\sqrt{T}}\right) = \\
&= 1 - N\left(\frac{\ln(E) - \ln(S_0) - \left(\mu - \frac{1}{2}\sigma^2\right)T}{\sigma\sqrt{T}}\right) = \\
&= 1 - N\left(\frac{\ln(24) - \ln(40) - \left(0.1 - \frac{1}{2}(0.4)^2\right)\cdot 2}{0.4\cdot\sqrt{2}}\right) \\
&= 1 - N\left(-0.974\right) = N\left(0.974\right) = 0.835,
\end{aligned}
$$

---

[1]Anticipiamo (riprendendo poi ampiamente tale argomento nei prossimi capitoli) che un'opzione Call (rispettivamente Put) europea è un titolo derivato che verrà "esercitato" quando il prezzo del suo sottostante a scadenza (o maturità) è superiore (rispettivamente inferiore) allo strike.

dove $N(x)$ indica la funzione di ripartizione della Normale standard.

Affinché un'opzione Put europea sia esercitata, deve succedere che il prezzo dell'azione a maturità sia non superiore allo strike.

Siccome tuttavia per ogni $t > 0$ fissato S_t è una v.a. continua (come si deduce dall'equazione (2.13)), si ha che $P(S_T \le E) = P(S_T < E)$ e quindi

$$
\begin{aligned}
P(\{\text{Put sia esercitata}\}) &= P(S_T \le E) = P(S_T < E) = \\
&= 1 - P(S_T \ge E) = \\
&= 1 - P(\{\text{Call sia esercitata}\}) = 0.165.
\end{aligned}
$$

È allora più probabile esercitare l'opzione Call rispetto alla Put.

2. Supponiamo ora che $\tilde{S}_T = cS_T$ per qualche $c > 0$. Ci chiediamo se esiste qualche $c > 0$ tale per cui

$$
P(\{\text{esercitare la nuova Put}\}) \ge 2P(\{\text{esercitare la nuova Call}\}). \tag{2.14}
$$

A tale scopo iniziamo a calcolare le due probabilità di cui sopra.

$$
\begin{aligned}
P(\{\text{esercitare la nuova Call}\}) &= P\left(\tilde{S}_T \ge E\right) = \\
&= P(cS_T \ge E) = P\left(S_T \ge \frac{E}{c}\right)
\end{aligned}
$$

che corrisponde alla probabilità di esercitare una Call scritta sulla prima azione ma di strike E/c. Per quanto visto nel punto precedente, quindi, si ha che

$$
\begin{aligned}
P(\{\text{esercitare la nuova Call}\}) &= P\left(S_T \ge \frac{E}{c}\right) = \\
&= 1 - N\left(\frac{\ln(E/c) - \ln(S_0) - \left(\mu - \frac{1}{2}\sigma^2\right)T}{\sigma\sqrt{T}}\right) = \\
&= 1 - N\left(\frac{\ln(E) - \ln(c) - \ln(S_0) - \left(\mu - \frac{1}{2}\sigma^2\right)T}{\sigma\sqrt{T}}\right).
\end{aligned}
$$

D'altra parte, si ha che

$$
\begin{aligned}
P(\{\text{esercitare la nuova Put}\}) &= 1 - P\left(\tilde{S}_T \ge E\right) = \\
&= N\left(\frac{\ln(E) - \ln(c) - \ln(S_0) - \left(\mu - \frac{1}{2}\sigma^2\right)T}{\sigma\sqrt{T}}\right).
\end{aligned}
$$

La (2.14) diventa allora

$$
3N\left(\frac{\ln(E) - \ln(c) - \ln(S_0) - \left(\mu - \frac{1}{2}\sigma^2\right)T}{\sigma\sqrt{T}}\right) \ge 2
$$

$$
\ln(E) - \ln(S_0) - \left(\mu - \frac{1}{2}\sigma^2\right)T - q_{2/3}\cdot\sigma\sqrt{T} \ge \ln(c),
$$

dove $q_{2/3}$ denota il quantile al livello $\alpha = 2/3$ della Normale standard, definito come soluzione di $N(q_{2/3}) = 2/3$. Siccome $q_{2/3} = 0.4307$, si ottiene che $0 < c \leq 0.452$.

3. Osserviamo innanzitutto che

$$P(\{\text{payoff della Call sia almeno pari a 6 euro}\})$$
$$= P\left((S_T - E)^+ \geq 6\right) = P\left(S_T \geq E + 6\right) =$$
$$= P\left(\ln S_T \geq \ln(E + 6)\right) =$$
$$= P\left(W_T \geq \frac{\ln\left(\frac{E+6}{S_0}\right) - \left(\mu - \frac{1}{2}\sigma^2\right)T}{\sigma}\right) =$$
$$= P\left(\frac{W_T}{\sqrt{T}} \geq \frac{\ln\left(\frac{E+6}{S_0}\right) - \left(\mu - \frac{1}{2}\sigma^2\right)T}{\sigma\sqrt{T}}\right) =$$
$$= 1 - N\left(\frac{\ln\left(\frac{E+6}{S_0}\right) - \left(0.1 - \frac{1}{2}(0.4)^2\right) \cdot 2}{0.4\sqrt{2}}\right).$$

Siccome tale probabilità deve essere almeno pari al 20%, deduciamo che

$$1 - N\left(\frac{\ln\left(\frac{E+6}{S_0}\right) - \left(0.1 - \frac{1}{2}(0.4)^2\right) \cdot 2}{0.4 \cdot \sqrt{2}}\right) \geq 0.2$$

$$N\left(\frac{\ln\left(\frac{E+6}{S_0}\right) - \left(0.1 - \frac{1}{2}(0.4)^2\right) \cdot 2}{0.4 \cdot \sqrt{2}}\right) \leq 0.8$$

$$\frac{\ln\left(\frac{E+6}{S_0}\right) - \left(0.1 - \frac{1}{2}(0.4)^2\right) \cdot 2}{0.4 \cdot \sqrt{2}} \leq 0.8416$$

$$\ln\left(\frac{E+6}{40}\right) \leq 0.516$$

$$\frac{E+6}{40} \leq e^{0.516}$$

$$E \leq 61.01$$

Lo strike massimo cercato risulta quindi essere pari a $E^* = 61.01$ euro.

Esercizio 2.4

Siano $(W_t)_{t \geq 0}$ un moto browniano standard e $(S_t)_{t \geq 0}$ un processo stocastico soddisfacente la seguente equazione:

$$dS_t = \mu_t dt + \sigma_t dW_t, \tag{2.15}$$

dove μ_t e σ_t non sono sempre costanti, ma dipendono dal tempo.

1. Se $\sigma_t = 0.1$ per $t \in [0, 4]$ e

$$\mu_t = \begin{cases} 0.04t; & \text{per } 0 \le t \le 2 \\ 0.02\,(10 - t); & \text{per } 2 < t \le 4 \end{cases},$$

si determinino (a) la probabilità di un profitto almeno pari a 0.4 alla data $t = 4$; (b) il profitto medio alla data $t = 4$.

2. Se μ_t è come sopra, ma

$$\sigma_t = \begin{cases} 0.3; & \text{per } 0 \le t \le 2 \\ 0.4; & \text{per } 2 < t \le 4 \end{cases},$$

si determinino (a) la probabilità di un profitto almeno pari a 0.4 alla data $t = 4$; (b) il profitto medio alla data $t = 4$.

3. Si definisca $X_t \triangleq S_t - S_0$ per ogni $t \ge 0$.

Esistono $(\mu_t)_{t \ge 0}$ e $(\sigma_t)_{t \ge 0}$ tali per cui $(X_t)_{t \ge 0}$ sia una martingala (rispetto allo spazio filtrato considerato inizialmente)?

Svolgimento

1. Integrando la (2.15), si ottiene

$$S_t = S_0 + \int_0^t \mu_s ds + \int_0^t \sigma_s dW_s.$$

Di conseguenza,

$$\begin{aligned}
S_4 - S_0 &= \int_0^4 \mu_s ds + \int_0^4 \sigma_s dW_s = \\
&= \int_0^2 0.04\, s\, ds + \int_2^4 0.02\,(10 - s)\, ds + \int_0^4 0.1\, dW_s = \\
&= \left[0.02\, s^2\right]\Big|_0^2 + \left[0.02(10s - \frac{s^2}{2})\right]\Big|_2^4 + 0.1 \cdot (W_4 - W_0) = \\
&= 0.36 + 0.1 \cdot (W_4 - W_0) = \\
&= 0.36 + 0.1\, W_4.
\end{aligned}$$

Si ottiene immediatamente che (b) il profitto medio alla data $t = 4$ è pari a $E\,[S_4 - S_0] = 0.36 + 0.1 \cdot E\,[W_4] = 0.36$, dove l'ultima uguaglianza è dovuta ad una ben nota proprietà del moto browniano standard.

Per quanto riguarda il punto (a), deduciamo che

$$\begin{aligned}
&P\,(\{\text{profitto alla data } t = 4 \text{ sia almeno pari a } 0.4\}) \\
&= P\,(0.36 + 0.1\, W_4 \ge 0.4) = \\
&= P\,(0.1\, W_4 \ge 0.04) = P\left(\frac{W_4}{\sqrt{4}} \ge \frac{0.04}{0.1\sqrt{4}}\right) = \\
&= 1 - N\,(0.2) = 0.42.
\end{aligned}$$

2. In questo caso ricaviamo che

$$S_4 - S_0 = \int_0^4 \mu_s ds + \int_0^4 \sigma_s dW_s =$$

$$= \int_0^2 0.04\ s\ ds + \int_2^4 0.02\,(10 - s)\,ds + \int_0^2 0.3\ dW_s + \int_2^4 0.4\ dW_s =$$

$$= 0.36 + 0.3\,(W_2 - W_0) + 0.4\,(W_4 - W_2) =$$

$$= 0.36 + 0.3\ W_2 + 0.4\,(W_4 - W_2)\,.$$

Per le proprietà del moto browniano standard, sappiamo tuttavia che W_2 e $(W_4 - W_2)$ sono v.a. indipendenti di distribuzione Normale. Ricordiamo poi che:

se $X \sim N\left(m_X; s_X^2\right)$ e $Y \sim N\left(m_Y; s_Y^2\right)$ indipendenti

$\Rightarrow aX + bY \sim N\left(am_X + bm_Y; a^2 s_X^2 + b^2 s_Y^2\right)$ per a e b costanti reali.

Come conseguenza di quanto appena osservato, deduciamo che $S_4 - S_0 \sim N\,(0.36; 0.09 \cdot 2 + 0.16 \cdot 2)$, quindi $S_4 - S_0 \sim N\,(0.36; 0.5)$. Il profitto medio alla data $t = 4$ è allora pari a $E\,[S_4 - S_0] = 0.36$, mentre

$$P\,(\text{profitto alla data } t = 4 \text{ sia almeno pari a } 0.4)$$

$$= \ P\,(S_4 - S_0 \geq 0.4) =$$

$$= \ P\left(\frac{S_4 - S_0 - E\,[S_4 - S_0]}{\sqrt{V\,(S_4 - S_0)}} \geq \frac{0.4 - E\,[S_4 - S_0]}{\sqrt{V\,(S_4 - S_0)}}\right) =$$

$$= \ 1 - N\left(\frac{0.04}{\sqrt{0.5}}\right) = 0.48.$$

3. Considerando $\mu_t - 0$ e $\sigma_t = \sigma$ (con $\sigma \subset \mathbb{R}$) per ogni $t \geq 0$, si ottiene che per ogni $t \geq 0$

$$X_t = S_t - S_0 = \int_0^t \sigma dW_s = \sigma W_t.$$

Per le proprietà del moto browniano segue che $(X_t)_{t \geq 0}$ è una martingala (quando $\mu_t \equiv 0$, $\sigma_t \equiv \sigma$).

2.3 Esercizi proposti

Es. 2.5 Sia S_t il valore di un'azione al tempo t. Supponendo che $(S_t)_{t \geq 0}$ sia un moto browniano geometrico del tipo

$$dS_t = \mu S_t dt + \sigma S_t dW_t,$$

si determini l'equazione differenziale stocastica di $f\,(S_t, t) = e^{rt}\left[\ln\left(S_t^4 - K\right)\right]$ e la si confronti con quella di $g\,(S_t) = \ln\left(S_t^4 - K\right)$ (dove K è un numero reale positivo).

Es. 2.6 La posizione finanziaria X_t (al tempo t) di una compagnia evolve come

$$dX_t = \mu dt + \sigma_t dW_t,$$

con $X_0 = 80000$ euro, $\mu = 400$ (annuo). σ_t (annuo) vale quanto segue:

$$\sigma_t = \begin{cases} \sum_{k=0}^{8} 100\,(k+1)\,\mathbf{1}_{[k;k+1)}\,(t)\,; & 0 \leq t < 9 \\ \sigma^*; & t \geq 9 \end{cases} \qquad (2.16)$$

dove $\mathbf{1}_A\,(t)$ vale 1 se $t \in A$ e 0 se $t \notin A$, e $\sigma^* > 0$.

(a) Si determini la distribuzione di X_t in funzione di t.

(b) Si scriva X_t in funzione di X_0, μ, σ_t, t e W_t.

(c) Si determini σ^* tale per cui $P\,(X_{10} < 10000) < \frac{1}{100}$. Un tale σ^* è ragionevole dal punto di vista finanziario?

(d) Con $(\sigma_t)_{t \geq 0}$ come nella (2.16), si calcolino
$E\,[X_{100} - X_{10}]$, $V\,(X_{100} - X_{10})$, $E\,[X_{200} - X_{10}]$ e $V\,(X_{200} - X_{10})$
che, per le proprietà del moto browniano, sono semplici da calcolare.
Sarebbero altrettanto semplici da calcolare $E\,[X_{200}/X_{10}]$ e
$V\,(X_{200}/X_{10})$?

Es. 2.7 Siano S_t^1, S_t^2 e S_t^3 i valori di tre azioni al tempo t. Si supponga che le dinamiche di $(S_t^1)_{t \geq 0}$, $(S_t^2)_{t \geq 0}$, $(S_t^3)_{t \geq 0}$ siano le seguenti

$$\begin{aligned} dS_t^1 &= \mu^1 S_t^1 dt + \sigma^1 S_t^1 dW_t^1 \\ dS_t^2 &= \mu^2 S_t^2 dt + \sigma^2 S_t^2 dW_t^2 \\ dS_t^3 &= \mu^3 S_t^3 dt + \sigma^3 S_t^3 dW_t^3 \end{aligned}$$

con W^1, W^2 e W^3 moti browniani standard.

(a) Si determini la dinamica del valore del portafoglio $f\left(S_t^1, S_t^2, S_t^3\right)$ costituito da quattro unitàdella prima azione, due della seconda ed una della terza.

(b) Osservando che il denaro depositato (o preso in prestito) in banca e soggetto al tasso di interesse r evolve come segue:

$$X_t = X_0 e^{rt},$$

si determini la dinamica del valore del portafoglio $g\left(S_t^1, S_t^2, S_t^3, t\right)$ costituito da quattro unità della prima azione, due della seconda ed una della terza e con un prestito bancario (avvenuto alla data iniziale) pari al costo delle azioni acquistate.

Capitolo 3

Modello binomiale

3.1 Richiami di teoria

Consideriamo un modello di mercato in cui esistono soltanto due titoli scambiabili: un titolo non rischioso, che chiameremo con il termine generico di *bond* ed il cui valore indicheremo con B, e un'attività finanziaria di tipo rischioso, che chiameremo con il termine generico di *stock* ed il cui valore indicheremo con S.

Il nostro modello di evoluzione sarà inizialmente uniperiodale, intendendo con questo considerare i nostri due titoli soltanto all'inizio e alla fine di un determinato periodo di tempo, che assumiamo unitario. Le date di riferimento saranno pertanto $t = 0$ e $t = 1$.

All'istante iniziale il valore di entrambi i titoli (rischioso e non rischioso) è noto: per il bond sarà B_0, mentre per lo stock sarà S_0. Al termine dell'intervallo di tempo considerato il bond, che ha un'evoluzione di tipo deterministico, varrà

$$B_1 = B_0(1 + r),$$

dove r è il tasso di interesse privo di rischio ed il valore del bond viene calcolato in regime di capitalizzazione composto. Il valore dello stock sarà invece dato da

$$S_1 = S_0 \, X,$$

dove X è una variabile aleatoria di tipo bernoulliano che può assumere soltanto i valori u e d con probabilità p e $(1 - p)$, rispettivamente. Riassumendo:

$$
\begin{array}{ll}
t = 0 & t = 1 \\
\end{array}
$$

$$
\begin{array}{ll}
B_0 & B_1 = B_0(1 + r)
\end{array}
$$

$$
S_0 \quad
\begin{array}{c}
p \nearrow \\
\\
1 - p \searrow
\end{array}
\quad
\begin{array}{c}
S_0 u = S_1^u \\
\\
S_0 d = S_1^d
\end{array}
\quad S_1
$$

Sulla base di tale modello, è facile osservare che il prezzo di un titolo derivato sul sottostante S è univocamente determinato sulla base dell'*ipotesi di assenza di arbitraggio*. Ciò può essere visto in due modi differenti: il primo mediante la costruzione di un portafoglio privo di rischio costituito da un'unità del titolo derivato e da una opportuna quantità di elementi del sottostante, la cui evoluzione sarà pertanto di tipo deterministico (tale strategia prende il nome di *Delta-Hedging*); il secondo mediante la costruzione di un portafoglio, costituito da un certo numero di bond e di stock, che "replichi" il valore del derivato, cioè che alla scadenza T assuma sempre (i.e. in qualsiasi stato del mondo) il valore del derivato medesimo. Quest'ultima strategia viene detta *replicante*.

L'assenza di arbitraggio, che impone innanzitutto la condizione $d < 1 + r < u$, permette quindi di ottenere il prezzo iniziale $F(S_0)$ del titolo derivato scritto sullo stock S. Tale prezzo deriva dalla seguente formula:

$$
F(S_0) = \frac{1}{1 + r} \left[q_u \cdot F(S_0 u) + q_d \cdot F(S_0 d) \right], \tag{3.1}
$$

dove $q_u = \frac{(1+r)-d}{u-d}$, $q_d = \frac{u-(1+r)}{u-d} = 1 - q_u$, $F(S_0 u)$ e $F(S_0 d)$ sono, rispettivamente, il payoff del titolo derivato quando il sottostante vale $S_0 u$ e $S_0 d$, rispettivamente. In seguito indicheremo spesso con $\phi^u = F(S_0 u)$ e con $\phi^d = F(S_0 d)$.

Come ci si poteva aspettare, il prezzo iniziale del titolo derivato dipende dal payoff del titolo a scadenza $F(S_1)$ e quindi dal valore del sottostante a scadenza.

Osservando che i due numeri q_u, q_d verificano le due condizioni $q_u, q_d \geq 0$, $q_u + q_d = 1$, questi possono essere interpretati come nuove probabilità associate ai due valori u, d della variabile aleatoria X e la formula precedente può essere interpretata come il valore atteso del payoff del titolo derivato attualizzato (al tasso r), valore atteso calcolato rispetto alla nuova misura di probabilità indotta da q_u, q_d. I.e.

$$
F(S_0) = \frac{1}{1 + r} E_Q \left[F(S_1) \right] \tag{3.2}
$$

Alla nuova misura di probabilità viene dato il nome di *misura neutrale al rischio* o di *misura equivalente di martingala*. Per definizione di q_u e q_d, vale infatti che rispetto a Q il valore atteso (attualizzato) del valore finale del sottostante è pari al suo valore corrente:

$$\frac{1}{1+r}\left[q_u S_0 u + q_d S_0 d\right] = S_0, \tag{3.3}$$

ovvero che il processo stocastico del prezzo dello stock attualizzato al tasso r è una martingala rispetto dalla misura di probabilità Q.

Il modello precedente viene generalizzato in maniera ovvia ad un modello multiperiodale (a tempo discreto). L'evoluzione dei due titoli presenti nel modello di mercato viene descritta a istanti di tempo successivi $t = 0, 1, 2, ..., n = T$. Tra due istanti di tempo successivi i due titoli evolvono secondo il modello precedente. Vale in altre parole quanto segue:

Utilizzando la misura di probabilità Q (e ricordando che il modello soddisfa la proprietà di Markov), si vede facilmente che:

$$S_k = \frac{1}{(1+r)^{l-k}} E_Q\left[S_l | S_k\right] = \frac{1}{(1+r)^{l-k}} E_Q\left[S_l | \mathcal{F}_k\right], 0 \leq k \leq l \leq n, \tag{3.4}$$

ovvero che il processo stocastico $(S_k)_{k=0,1,...,n}$ attualizzato è una martingala rispetto alla misura Q e alla filtrazione $(\mathcal{F}_k)_{k=0,1,...,n}$ naturale generata da $(S_k)_{k=0,1,...,n}$.

Alla base del metodo di valutazione del titolo derivato $F(S)$ sta l'ipotesi che, nel modello di mercato considerato, ogni titolo derivato sia *replicabile*, i.e. che esista sempre una strategia di portafoglio costituita da un'opportuna quantità di bond e di stock che ad ogni istante ed in ogni stato del mondo riproduce esattamente il valore del titolo derivato. Oppure (e si può dimostrare che le due ipotesi sono equivalenti) che esista sempre una strategia di portafoglio basata su un'opportuna combinazione di titolo derivato e sottostante che "elimini completamente" il rischio. Tale ipotesi va sotto il nome di *completezza*. Più precisamente: un modello di mercato viene detto completo se ogni titolo derivato è replicabile.

Si può verificare che la proprietà di completezza vale nell'ambito del modello binomiale sia nel caso uniperiodale che in quello multiperiodale. Per il modello binomiale multiperiodale si dimostra pertanto che il valore iniziale $F(S_0)$ del generico titolo derivato è dato dal valore atteso rispetto alla misura di probabilità neutrale al rischio del suo valore finale attualizzato. In tal caso la formula esplicita di valutazione è la seguente:

$$F(S_0) = \frac{1}{(1+r)^n} E_Q\left[F(S_n)\right] = \frac{1}{(1+r)^n} \sum_{k=0}^{n} \binom{n}{k} q_u^k q_d^{n-k} F(S_0 u^k d^{n-k}) \quad (3.5)$$

Richiamiamo a questo punto i due principi fondamentali che stanno alla base della valutazione dei derivati, che vanno sotto il nome dei *due Teoremi Fondamentali dell'Asset Pricing* e di cui abbiamo appena visto un caso particolare.

Il *Primo Teorema Fondamentale dell'Asset Pricing* stabilisce che, in "opportuni" modelli di mercato, l'assenza di arbitraggio e l'esistenza di una misura equivalente di martingala sono condizioni equivalenti.

Il *Secondo Teorema Fondamentale dell'Asset Pricing* garantisce l'unicità di tale misura nel caso in cui il modello di mercato sia completo.

I due risultati precedenti, per la cui esposizione rigorosa rimandiamo ai classici libri di testo sull'argomento, sono alla base di tutti i metodi di valutazione utilizzati.

Abbiamo osservato precedentemente che il modello binomiale è un modello di mercato completo. Se però ad ogni istante di tempo il valore del titolo rischioso potesse assumere tre o più valori diversi, allora tale nuovo modello non sarebbe più completo. Come vedremo negli esercizi, in questo caso non sarebbe più possibile replicare qualsiasi titolo derivato soltanto con il titolo non rischioso B ed il titolo rischioso S.

Il modello binomiale viene utilizzato per valutare opzioni Put e Call di tipo europeo (talvolta chiamate opzioni vanilla) e con opportune modifiche anche per valutare opzioni americane, i.e. opzioni che possono essere esercitate ad ogni data intermedia tra 0 e T. È inoltre utile anche per il pricing di alcune opzioni il cui valore dipende non soltanto dal valore assunto dal sottostante alla data di scadenza del contratto, ma anche dai valori assunti in ogni data intermedia tra 0 e T. Tali modifiche verranno illustrate negli esercizi presenti in questo capitolo e in alcuni dei capitoli successivi.

Sulla base delle considerazioni fatte finora è anche possibile ricavare la strategia che tra due instanti successivi consente di rendere il portafoglio privo di rischio: esso risulterà composto (a meno di multipli) da un'unità del titolo derivato (in posizione lunga) e da una quantità di elementi (in posizione corta) del sottostante pari a $\Delta = (F_u - F_d)/(u - d)$.

Al lettore interessato ad approfondire i concetti ed i risultati ora richiamati suggeriamo i testi di Björk [2], Hull [8], Pliska [13] e Ross [14].

3.2 Esercizi svolti

Esercizio 3.1

Sul mercato sono presenti diverse opzioni scritte sullo stesso sottostante azionario. Il prezzo odierno di tale azione è 20 euro e su ognuno dei prossimi 2 semestri tale prezzo potrà salire o scendere del 25%. Il tasso d'interesse privo di rischio è del 4% annuo.

1. Sapendo che la probabilità reale che il prezzo dell'azione salga o scenda in ogni semestre è del 50%, si verifichi che è più probabile esercitare una Call europea di strike 18 euro e scadenza 6 mesi oppure una Call analoga alla precedente ma di scadenza un anno.

2. Si confrontino i prezzi delle Call europee del punto precedente.

3. Il prezzo delle opzioni dei punti 1. e 2. cambierebbe se:

   (a) la probabilità reale cambiasse - e la probabilità di crescita fosse pari a 80%, mentre quella di decrescita al 20%?

   (b) se lo strike aumentasse - e fosse pari a 20 euro? In caso affermativo, si calcoli il prezzo della Call europea di scadenza 6 mesi e di strike 20 euro.

Svolgimento

Dai dati dell'esercizio otteniamo che $u = 1.25$ (fattore di crescita) e $d = 0.75$ (fattore di descrescita). Quindi il prezzo dell'azione evolve come di seguito:

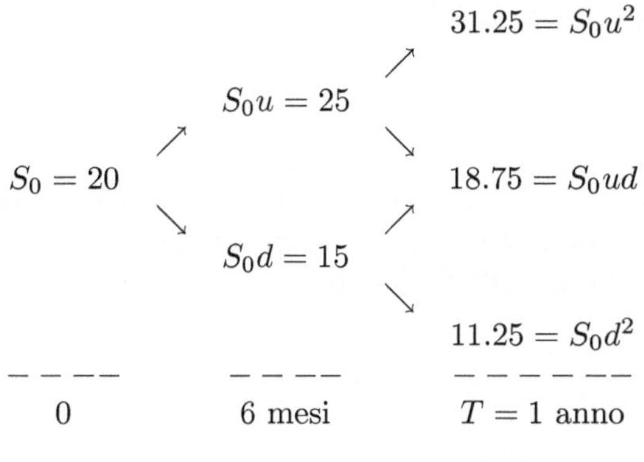

$$
\begin{array}{cccc}
 & & & 31.25 = S_0 u^2 \\
 & & \nearrow & \\
 & S_0 u = 25 & & \\
 & \nearrow & \searrow & \\
S_0 = 20 & & & 18.75 = S_0 ud \\
 & \searrow & \nearrow & \\
 & S_0 d = 15 & & \\
 & & \searrow & \\
 & & & 11.25 = S_0 d^2
\end{array}
$$

$$
\begin{array}{ccc}
0 & 6 \text{ mesi} & T = 1 \text{ anno}
\end{array}
$$

1. Ricordando che un'opzione Call europea viene esercitata quando il prezzo del sottostante è almeno pari allo strike dell'opzione, è immediato calcolare la probabilità di esercizio delle due opzioni considerate.

   Prima di fare ciò, sottolineiamo che per la probabilità "reale" vale che

0	$T' = 6$ mesi	con probabilità
	25	p
20 $\nearrow$ $\searrow$		
	15	$1 - p$

0	$T = 1$ anno	con probabilità
	31.25	p^2
20 $\nearrow$ $\rightarrow$ $\searrow$	18.75	$2p(1 - p)$
	11.25	$(1 - p)^2$

   dove, in questo caso, $p = 1 - p = 0.5$.

   Si ha allora che la probabilità di esercitare l'opzione di scadenza (T') 6 mesi e strike 18 euro è pari a

$$P(S_{T'} \geq E) = P(S_{T'} \geq 18) = P(S_{T'} = 25) = 0.5$$

   mentre la probabilità di esercitare l'opzione di scadenza (T) un anno e strike 18 euro è pari a:

$$\begin{aligned}
P(S_T \geq E) &= P(S_T \geq 18) = \\
&= P(\{S_T = 18.75\} \cup \{S_T = 31.25\}) = \\
&= p^2 + 2p(1 - p) = (0.5)^2 + 2 \cdot 0.5 \cdot 0.5 = 0.75.
\end{aligned}$$

   È allora più probabile esercitare l'opzione di scadenza un anno di quella di scadenza 6 mesi.

2. Per confrontare i prezzi delle due opzioni precedenti, calcoliamo innanzitutto la misura di probabilità (q_u, q_d) "risk-neutral" tramite la quale calcolare i prezzi delle opzioni. Tale probabilità corrisponde a:

$$\begin{aligned}
q_u &= \frac{(1 + r)^{1/2} - d}{u - d} = \frac{\sqrt{1.04} - 0.75}{1.25 - 0.75} = 0.54 \\
q_d &= 1 - q_u = 0.46,
\end{aligned}$$

siccome $r = 0.04$ è il tasso d'interesse annuo e gli intervalli temporali a cui si riferiscono u e d sono semestrali.

Nel caso della Call europea (A) di scadenza $T' = 6$ mesi si ha allora che:

$$
\begin{array}{ccc}
 & S_0 u = 25 & 7 = \phi_A^{\mathrm{u}} \\
q_u \nearrow & & \\
S_0 = 20 & & \\
q_d \searrow & & \\
 & S_0 d = 15 & 0 = \phi_A^{\mathrm{d}} \\
\hline
0 & T' = 6 \text{ mesi} & \text{Payoff opzione A}
\end{array}
$$

siccome il payoff di una Call europea è dato da

$$
(S_{T'} - E)^+ = \left\{ \begin{array}{ll} S_{T'} - E; & \text{se } S_{T'} \geq E \\ 0; & \text{se } S_{T'} < E \end{array} \right. .
$$

Si ha allora che il prezzo iniziale dell'opzione A è pari a

$$
\begin{aligned}
C_0^A &= \text{prezzo iniziale della Call europea A} \\
&= \frac{1}{(1+r)^{1/2}} \left[q_u \cdot \phi_A^{\mathrm{u}} + q_d \cdot \phi_A^{\mathrm{d}} \right] = \frac{1}{\sqrt{1.04}} \left[0.54 \cdot 7 + 0 \right] = 3.71 \text{ euro.}
\end{aligned}
$$

Nel caso della Call europea (B) di scadenza $T = 1$ anno, si ha invece che

$$
\begin{array}{cccc}
 & & S_0 u^2 = 31.25 & 13.25 = \phi_B^{\mathrm{uu}} \\
 & & q_u \nearrow & \\
 & S_0 u = 25 & & \\
q_u \nearrow & & q_d \searrow & \\
S_0 = 20 & & S_0 ud = 18.75 & 0.75 = \phi_B^{\mathrm{ud}} \\
q_d \searrow & & q_u \nearrow & \\
 & S_0 d = 15 & & \\
 & & q_d \searrow & \\
 & & S_0 d^2 = 11.25 & 0 = \phi_B^{\mathrm{dd}} \\
\hline
0 & 6 \text{ mesi} & 1 \text{ anno} & \text{Payoff opzione B}
\end{array}
$$

Per calcolare il prezzo iniziale di tale opzione abbiamo due modi possibili.

(2a) Considerando solo l'istante iniziale (0) e la scadenza T dell'opzione ci si riconduce ad un caso uniperiodale. Di conseguenza:

0	$T = 1$ anno	con probabilità	payoff
	31.25	$(q_u)^2$	$13.25 = \phi_B^{\mathrm{uu}}$
20	18.75	$2 q_u q_d$	$0.75 = \phi_B^{\mathrm{ud}}$
	11.25	$(q_d)^2$	$0 = \phi_B^{\mathrm{dd}}$

Quindi:

$$
\begin{aligned}
C_0^B &= \text{prezzo della Call europea B} \\
&= \frac{1}{1+r}\left[q_u^2\phi_B^{\mathrm{uu}} + 2q_u q_d\phi_B^{\mathrm{ud}} + q_d^2\phi_B^{\mathrm{dd}}\right] = \\
&= \frac{1}{1.04}\left[(0.54)^2\cdot 13.25 + 2\cdot 0.54\cdot 0.46\cdot 0.75 + 0\right] = 4.07 \text{ euro.}
\end{aligned}
$$

(2b) Il secondo modo per calcolare il prezzo della Call B all'istante iniziale 0 è di procedere all'indietro nell'albero nel modo seguente.

Consideriamo innazitutto il sotto-albero in grassetto e calcoliamo il "prezzo" C_{6mesi}^u nel nodo "S_{6mesi}^u" alla data $t = 6$ mesi.

		$\mathbf{S_0 u^2 = 31.25}$	$13.25 = \phi_B^{\mathrm{uu}}$
	$\mathbf{S_0 u = 25}$		
$S_0 = 20$		$\mathbf{S_0 ud = 18.75}$	$0.75 = \phi_B^{\mathrm{ud}}$
	$S_0 d = 15$		
		$S_0 d^2 = 11.25$	$0 = \phi_B^{\mathrm{dd}}$
0	6 mesi	1 anno	Payoff opzione B

È esattamente come valutare un'opzione in un modello ad un solo periodo. Si ottiene quindi:

$$
\begin{aligned}
C_{6mesi}^u &= \frac{1}{(1+r)^{1/2}}\left[q_u\cdot\phi_B^{\mathrm{uu}} + q_d\cdot\phi_B^{\mathrm{ud}}\right] = \\
&= \frac{1}{\sqrt{1.04}}\left[0.54\cdot 13.25 + 0.46\cdot 0.75\right] = 7.3545.
\end{aligned}
$$

Analogamente per il sotto-albero in grassetto qui sotto:

		$S_0 u^2 = 31.25$	$13.25 = \phi^{\mathrm{uu}}$
	$S_0 u = 25$		
$S_0 = 20$		$\mathbf{S_0 ud = 18.75}$	$0.75 = \phi^{\mathrm{ud}}$
	$\mathbf{S_0 d = 15}$		
		$\mathbf{S_0 d^2 = 11.25}$	$0 = \phi^{\mathrm{dd}}$
0	6 mesi	1 anno	Payoff opzione

In questo caso si ottiene:

$$C^d_{6mesi} \;=\; \frac{1}{(1+r)^{1/2}}\left[q_u\cdot\phi^{ud}_B + q_d\cdot\phi^{dd}_B\right] =$$

$$=\; \frac{1}{\sqrt{1.04}}\left[0.54\cdot 0.75 + 0\right] = 0.397.$$

Infine dovremo determinare il prezzo iniziale della Call in base ai prezzi C^u_{6mesi} e C^d_{6mesi} appena calcolati, ovvero:

$$
\begin{array}{lll}
0 & t = 6 \text{ mesi} &\\[4pt]
\multicolumn{3}{l}{\text{---------------------------}}\\[4pt]
& C^u_{6mesi} = 7.3545 & q_u\\[8pt]
C^B_0 = ??? & &\\[8pt]
& C^d_{6mesi} = 0.397 & q_d
\end{array}
$$

Anche qui tuttavia ci siamo ricondotti all'ambito di un solo periodo, quindi:

$$C^B_0 \;=\; \frac{1}{(1+r)^{1/2}}\left[q_u\cdot C^u_{6mesi} + q_d\cdot C^d_{6mesi}\right] =$$

$$=\; \frac{1}{\sqrt{1.04}}\left[0.54\cdot 7.3545 + 0.46\cdot 0.397\right] = 4.07 \text{ euro.}$$

3. Analizziamo ora le eventuali variazioni del prezzo delle opzioni A e B al variare della probabilità reale o dello strike.

   (a) Il prezzo delle due opzioni A e B studiate nei punti 1. e 2. non cambierebbe al variare della probabilità "reale" di crescita/decrescita dell'azione sottostante in quanto tale probabilità non influisce sul prezzo delle opzioni appena considerate.

   (b) All'aumentare dello strike di un'opzione Call europea si ha invece che il prezzo di tale opzione diminuisce.

   Ricordiamo che il prezzo iniziale dell'opzione Call europea A di scadenza $T' = 6$ mesi e strike $E = 18$ euro è pari a $C^A_0 = 3.85$ euro.

   Se si considera la stessa opzione ma di strike $\tilde{E} = 20$ euro, si ottiene invece che

$$
\begin{array}{lll}
& S_0 u = 25 & 5 = \tilde{\phi}^u\\[6pt]
\quad q_u \nearrow & &\\[4pt]
S_0 = 20 & &\\[4pt]
\quad q_d \searrow & &\\[6pt]
& S_0 d = 15 & 0 = \tilde{\phi}^d\\[6pt]
\multicolumn{3}{l}{\text{------------------------------------}}\\[4pt]
0 & T' = 6 \text{ mesi} & \text{Payoff opzione di strike } \tilde{E} = 20
\end{array}
$$

Di conseguenza:

$$\tilde{C}_0 = \quad \text{prezzo della Call europea (come A) ma di strike } \tilde{E}$$
$$= \frac{1}{(1+r)^{1/2}}\left[q_u \cdot \tilde{\phi}^{\mathrm{u}} + q_d \cdot \tilde{\phi}^{\mathrm{d}}\right] = \frac{1}{\sqrt{1.04}}\left[0.54 \cdot 5 + 0\right] = 2.65 < C_0^A.$$

Esercizio 3.2

Sul mercato sono presenti diverse opzioni scritte sullo stesso sottostante azionario. Il prezzo odierno di tale azione è 20 euro e su ognuno dei prossimi tre semestri tale prezzo potrà salire o scendere del 25%.

Sapendo che il tasso d'interesse risk-free è del 4% annuo:

1. si calcoli il prezzo di una Call europea di strike 18 euro e scadenza 18 mesi;

2. si calcoli il prezzo della Put corrispondente;

3. Consideriamo ora Call e Put con le stesse caratteristiche di cui sopra.

   (a) Vendendo otto Call ed acquistando una Put, alla data iniziale quante azioni del sottostante (con il vincolo che possano essere acquistati solo unità e non frazioni di azioni) riuscireste a comprare e quanto capitale potreste investire in banca?

   (b) A quanto ammonterebbe il profitto (o la perdita) dell'investimento messo in atto come sopra nel caso in cui il prezzo dell'azione salisse sempre nei tre semestri? E a quanto ammonterebbe nel caso in cui il prezzo dell'azione salisse in due semestri e scendesse in un semestre?

4. Se invece che semestrali i periodi fossero annuali, quanto costerebbe la Call del punto 1.?

Svolgimento

1. Ricordiamo che, nel caso di n periodi (mesi, anni, ...) e r_p il tasso d'interesse sul periodo[1] (mensile, annuale, ...), si ha in generale che:

$$F(S_0) = \quad \text{prezzo iniziale dell'opzione}$$
$$= \frac{1}{(1+r_p)^n}\sum_{k=0}^{n}\binom{n}{k}q_u^k \cdot q_d^{n-k} \cdot \phi^{(k)} \text{ up; } (n-k) \text{ down},$$

---

[1]Se r_p non fosse il tasso sul periodo, sarebbe sufficiente trasformarlo secondo il regime di capitalizzazione. Ad esempio: se r_{anno} è annuale ed i nostri periodi sono mensili, allora per il regime di capitalizzazione composto il tasso d'interesse mensile (equivalente a quello annuale) è dato da

$$r_{mensile} = (1 + r_{anno})^{1/12} - 1.$$

dove $\phi^{(k)\ \text{up};\ (n-k)\ \text{down}}$ indica il payoff dell'opzione quando il prezzo dell'azione sottostante è salito k volte e sceso $(n-k)$ volte.

Dai dati del problema si ricava che i periodi sono semestrali e che il prezzo del sottostante evolve come segue

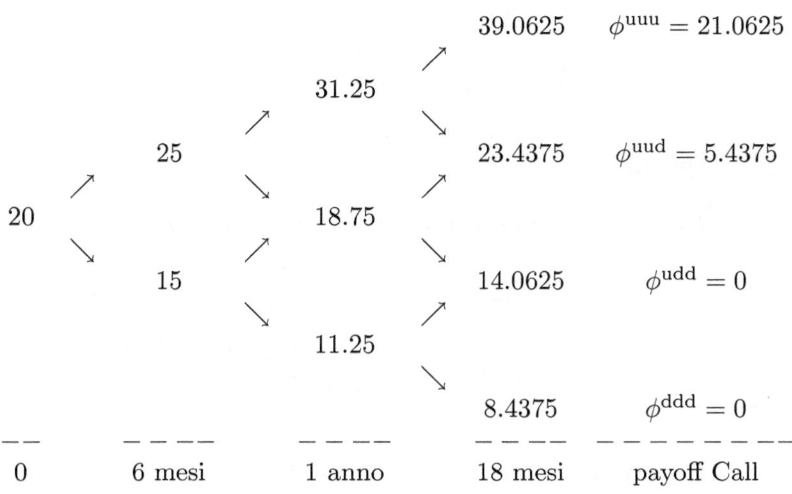

Siccome il tasso d'interesse risk-free fornito è annuale ($r = 0.04$), ricaviamo che il tasso semestrale equivalente è pari a $r_{sem} = (1+r)^{1/2} - 1 = (1.04)^{1/2} - 1$ e quindi $(1 + r_{sem})^3 = (1+r)^{3/2}$. Dalle osservazioni precedenti deduciamo che

$$C_0 = \text{prezzo della Call europea con scadenza } T(18 \text{ mesi }) =$$
$$= \frac{1}{(1+r)^{3/2}} \left[(q_u)^3 \cdot \phi^{\text{uuu}} + 3(q_u)^2 q_d \cdot \phi^{\text{uud}} + 3q_u (q_d)^2 \cdot \phi^{\text{udd}} + (q_d)^3 \cdot \phi^{\text{ddd}} \right] =$$
$$= \frac{1}{(1.04)^{3/2}} \left[(0.54)^3 \cdot 21.0625 + 3 \cdot (0.54)^2 \cdot 0.46 \cdot 5.4375 + 0 + 0 \right] = 5.19,$$

dove $q_u = 0.54$ e $q_d = 0.46$ sono gli stessi di quelli calcolati nell'Esercizio 3.1.

2. Per valutare un'opzione Put europea abbiamo due modi possibili.

   Rifacciamo tutto come sopra. Siccome il payoff di un'opzione Put europea è dato da

$$(E - S_T)^+ = \max\{E - S_T; 0\} = \begin{cases} E - S_T; & \text{se } S_T \le E \\ 0; & \text{se } S_T > E \end{cases},$$

si ha che

$$
\begin{array}{cccc}
 & 39.0625 & (q_u)^3 & \phi_{Put}^{\text{uuu}} = 0 \\
\nearrow \\
\nearrow & 23.4375 & 3\,(q_u)^2\, q_d & \phi_{Put}^{\text{uud}} = 0 \\
20 \\
\searrow & 14.0625 & 3q_u\,(q_d)^2 & \phi_{Put}^{\text{udd}} = 3.9375 \\
\searrow \\
 & 8.4375 & (q_d)^3 & \phi_{Put}^{\text{ddd}} = 9.5625 \\
\hline
0 & T = 18 \text{ mesi} & \text{probabilità} & \text{payoff}
\end{array}
$$

(a)

Quindi:

$$
\begin{aligned}
P_0 \;=\;& \text{prezzo della Put europea con scadenza } T \\
=\;& \frac{1}{(1+r)^{3/2}} \left[\begin{array}{l} (q_u)^3 \cdot \phi_{Put}^{\text{uuu}} + 3\,(q_u)^2\, q_d \cdot \phi_{Put}^{\text{uud}} + \\ +3q_u\,(q_d)^2 \cdot \phi_{Put}^{\text{udd}} + (q_d)^3 \cdot \phi_{Put}^{\text{ddd}} \end{array} \right] = \\
=\;& \frac{1}{(1.04)^{3/2}} \left[\begin{array}{c} 0 + 0 + 3 \cdot 0.54 \cdot (0.46)^2 \cdot 3.9375 + \\ + (0.46)^3 \cdot 9.5625 \end{array} \right] = 2.15 \text{ euro}
\end{aligned}
$$

Un altro modo per valutare l'opzione Put in considerazione è quello di utilizzare la Parità Put-Call valida per opzioni europee sullo stesso sottostante, con la stessa maturità e con lo stesso strike.
Si ha infatti che

$$
C_0 - P_0 = S_0 - \frac{E}{(1+r)^T}
$$

con T espresso in anni o in sue frazioni.
Grazie all'identità precedente, si ottiene quindi immediatamente che

$$
P_0 = C_0 - S_0 + \frac{E}{(1+r)^{T^*}} \cong 2.15 \text{ euro.}
$$

3. Ricordiamo dai punti precedenti che $C_0 = 5.19$ e $P_0 = 2.15$ euro.

   (a) Vendendo otto Call ed acquistando una Put con le caratteristiche di cui sopra, avremmo a nostra disposizione il seguente budget:

$$
\pi = 8 \cdot C_0 - P_0 = 8 \cdot 5.19 - 2.15 = 39.37 \text{ euro.}
$$

   Siccome il prezzo iniziale del sottostante è pari a $S_0 = 20$ euro, con le limitazioni a noi imposte potremmo acquistare una sola azione del sottostante ed investire il budget rimanente (19.37 euro) in banca a tasso privo di rischio.

   (b) Nel caso in cui il prezzo dell'azione salisse sempre nei tre semestri (ovvero $S_T = S_0 u^3 = 39.0625$ euro), il profitto (o la perdita) dell'investimento messo in atto come sopra ammonterebbe a

venduto 8 Call	$-8\left(S_T - E\right)^+ = -8 \cdot \phi^{uuu} = -168.5$
acquistato 1 Put	$\left(E - S_T\right)^+ = 0$
profitto/perdita dall'azione	$\left(S_T - S_0\right) = 19.0625$
capitale investito in banca	$19.37 \cdot (1.04)^{3/2} = 20.54375$
Profitto / perdita totale	-128.894 euro

Nel caso in cui il prezzo dell'azione salisse in due semestri e scendesse in uno (ovvero $S_T = S_0 u^2 d = 23.4375$ euro), il profitto (o la perdita) dell'investimento messo in atto come sopra ammonterebbe a

venduto 8 Call	$-8\left(S_T - E\right)^+ = -8 \cdot \phi^{uud} = -43.5$
acquistato 1 Put	$\left(E - S_T\right)^+ = 0$
profitto/perdita dall'azione	$\left(S_T - S_0\right) = 3.4375$
capitale investito in banca	$19.37 \cdot (1.04)^{3/2} = 20.54375$
Profitto / perdita totale	-19.5188 euro

4. Se i periodi fossero annuali invece che semestrali, avremmo che il prezzo dell'azione evolverebbe come prima, i.e.

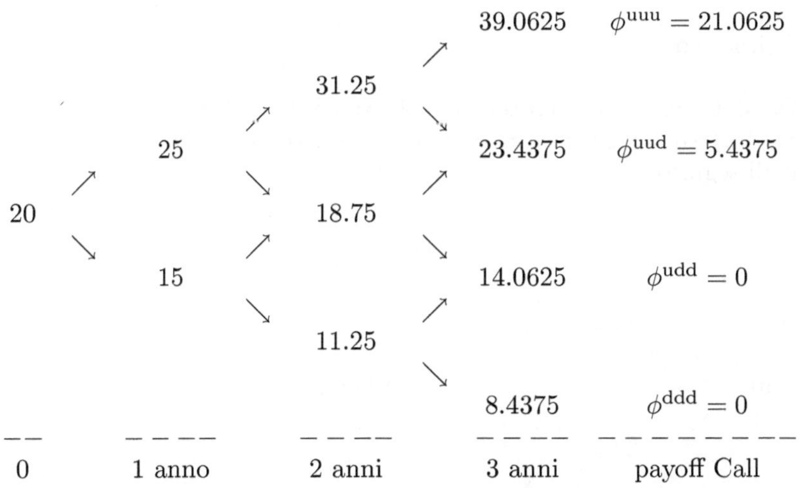

Cambierebbero tuttavia sia (q_u, q_d) che la scadenza (e quindi le attualizzazioni). Nel caso di periodi annuali, si avrebbe infatti che

$$q_u^* = \frac{(1+r) - d}{u - d} = \frac{1.04 - 0.75}{1.25 - 0.75} = 0.58$$
$$q_d^* = 1 - q_u^* = 0.42$$

e di conseguenza

$$C_0^{(3anni)} = \text{prezzo della Call europea con scadenza 3 anni}$$

$$= \frac{1}{(1+r)^3}\left[(q_u^*)^3 \cdot \phi^{\mathrm{uuu}} + 3\,(q_u^*)^2\,q_d^* \cdot \phi^{\mathrm{uud}} + 3q_u^*\,(q_d^*)^2 \cdot \phi^{\mathrm{udd}} + (q_d^*)^3 \cdot \phi^{\mathrm{ddd}}\right] =$$

$$= \frac{1}{(1.04)^3}\left[(0.58)^3 \cdot 21.0625 + 3 \cdot (0.58)^2 \cdot 0.42 \cdot 5.4375 + 0 + 0\right] = 5.70 \text{ euro.}$$

Esercizio 3.3

Il prezzo corrente di un'azione è $S_0 = 40$ euro. Sui prossimi due quadrimestri tale prezzo potrà salire del 4% o scendere del 2%. Il tasso d'interesse risk-free è del 4% annuo.

Qual è il prezzo di un'opzione di maturità $T = 8$ mesi e di payoff

$$\phi = \left(S_T - \frac{(E-S_0)^2}{10}\right)^+ = \begin{cases} S_T - \frac{(E-S_0)^2}{10}; & S_T \geq \frac{(E-S_0)^2}{10} \\ 0; & S_T < \frac{(E-S_0)^2}{10} \end{cases}$$

quando lo strike E è pari a 60 euro?

Svolgimento

Dai dati dell'esercizio otteniamo che su ogni quadrimestre $u = 1.04$ (fattore di crescita) e $d = 0.98$ (fattore di descrescita). Il prezzo dell'azione evolve allora come di seguito:

$$
\begin{array}{ccccc}
 & & & & 43.264 = S_0 u^2 \\
 & & 41.6 & \nearrow & \\
 & \nearrow & & \searrow & \\
40 & & & & 40.768 = S_0 ud \\
 & \searrow & & \nearrow & \\
 & & 39.2 & & \\
 & & & \searrow & \\
 & & & & 38.416 = S_0 d^2
\end{array}
$$

| 0 | 4 mesi | 8 mesi |

Da quanto sopra deduciamo quindi che il payoff dell'opzione può assumere solo i seguenti valori:

$$\phi^{\text{uu}} = \left(S_T^{\text{uu}} - \frac{(60-40)^2}{10}\right)^+ = \left(43.264 - \frac{20^2}{10}\right)^+ = 3.264$$

$$\phi^{\text{ud}} = \left(S_T^{\text{ud}} - \frac{(60-40)^2}{10}\right)^+ = \left(40.768 - \frac{20^2}{10}\right)^+ = 0.768$$

$$\phi^{\text{dd}} = \left(S_T^{\text{dd}} - \frac{(60-40)^2}{10}\right)^+ = \left(38.416 - \frac{20^2}{10}\right)^+ = 0$$

Di conseguenza, ricaviamo quanto segue:

$$
\begin{array}{ccccc}
 & & 43.264 = S_0 u^2 & & 3.264 = \phi^{\text{uu}} \\
 & 41.6 \nearrow & & \searrow & \\
40 \nearrow\searrow & & 40.768 = S_0 ud & & 0.768 = \phi^{\text{ud}} \\
 & 39.2 \nearrow & & \searrow & \\
 & & 38.416 = S_0 d^2 & & 0 = \phi^{\text{dd}} \\
\hline
0 & 4 \text{ mesi} & 8 \text{ mesi} & & \text{Payoff opzione}
\end{array}
$$

La probabilità risk-neutral tramite la quale calcolare il prezzo dell'opzione corrisponde inoltre a:

$$
\begin{aligned}
q_u &= \frac{(1+r)^{4/12} - d}{u - d} = 0.55 \\
q_d &= 1 - q_u = 0.45,
\end{aligned}
$$

siccome r è il tasso d'interesse annuo mentre a noi serve il tasso equivalente quadrimestrale.

Da quanto ricavato sopra, otteniamo infine che il prezzo iniziale dell'opzione di payoff ϕ è pari a:

$$
\begin{aligned}
F(S_0) &= \frac{1}{(1+r)^T} \left[(q_u)^2 \phi^{\text{uu}} + 2q_u q_d \phi^{\text{ud}} + (q_d)^2 \phi^{\text{dd}}\right] = \\
&= \frac{1}{(1+r)^{8/12}} \left[(0.55)^2 \cdot 3.264 + 2 \cdot 0.55 \cdot 0.45 \cdot 0.768 + 0\right] = 1.33 \text{ euro.}
\end{aligned}
$$

Esercizio 3.4

Vendiamo un'opzione Call europea di maturità 4 mesi, di strike 20 euro e scritta su un sottostante di valore corrente 20 Euro.

Il tasso d'interesse annuo risk-free è del 4% e sui prossimi 4 mesi il prezzo dell'azione sottostante potrà salire di un fattore $u = 1.2$ o scendere di un fattore $d = 0.8$.

1.   (a) Trovare la strategia replicante dell'opzione precedente.

       (b) Calcolare il prezzo dell'opzione.

2. Supponiamo ora che il prezzo del sottostante non segua un modello binomiale come sopra, ma che tra 4 mesi possa salire di un fattore $u = 1.2$ o scendere di un fattore $d = 0.8$ oppure rimanere invariato. È ancora possibile replicare l'opzione Call di cui sopra con il solo titolo sottostante ed il capitale depositato in banca (o preso in prestito dalla banca)?

Svolgimento

1.   (a) Dai dati del problema abbiamo che

$$
\begin{array}{lll}
0 & T = 4 \text{ mesi} & \text{payoff} \\
\hline
 & S_0 u = 24 & 4 = \phi^{\mathrm{u}} \\
S_0 = 20 & & \\
 & S_0 d = 16 & 0 = \phi^{\mathrm{d}}
\end{array}
$$

Trovare una strategia replicante dell'opzione a scadenza significa trovare un numero Δ di azioni del sottostante e una quantità di denaro x tali per cui il venditore dell'opzione che costituisca in tale modo il suo portafoglio sia "coperto" alla scadenza dell'opzione in ogni evento possibile. I.e. Δ e x tali che

$$
\begin{cases}
\Delta S_0 u + x \left(1 + r\right)^T = \phi^{\mathrm{u}} \\
\Delta S_0 d + x \left(1 + r\right)^T = \phi^{\mathrm{d}}
\end{cases}
$$

Siccome tale sistema è equivalente a

$$
\begin{cases}
\Delta S_0 u - \Delta S_0 d = \phi^{\mathrm{u}} - \phi^{\mathrm{d}} \\
\Delta S_0 d + x \left(1 + r\right)^T = \phi^{\mathrm{d}}
\end{cases} \text{,}
$$

la soluzione è allora la seguente:

$$
\begin{cases}
\Delta = \frac{\phi^{\mathrm{u}} - \phi^{\mathrm{d}}}{S_0 (u - d)} \\
x = \frac{1}{(1+r)^T} \left[\phi^{\mathrm{d}} - \Delta S_0 d\right]
\end{cases}
$$

Nel nostro caso, quindi, la strategia replicante è così costituita:

$$\begin{cases} \Delta = \frac{\phi^u - \phi^d}{S_0(u-d)} = \frac{4-0}{20(1.2-0.8)} = 0.5 \\ x = \frac{1}{(1.04)^{4/12}} \left[0 - 0.5 \cdot 20 \cdot 0.8\right] = -7.9 \end{cases}$$

Per coprirsi, allora, il venditore dell'opzione deve acquistare 0.5 azioni del sottostante e prendere in prestito 7.9 euro.

Siccome il costo iniziale di tale strategia è pari a

$$\Delta S_0 + x = 0.5 \cdot 20 - 7.9 = 2.1,$$

per l'assenza di opportunità di arbitraggio nel mercato il prezzo dell'opzione Call deve essere pari al costo iniziale della strategia replicante, i.e. pari a $C_0 = \Delta S_0 + x = 2.1$.

(b) Abbiamo già calcolato il prezzo dell'opzione tramite il costo della strategia replicante.

Un altro modo per calcolare C_0 è quello utilizzato negli Esercizi 3.1 e 3.2. Il principio di non arbitraggio ci garantisce che entrambi i metodi danno lo stesso risultato. Lo verifichiamo.

Siccome la misura equivalente di martingala corrisponde a $q_u = \frac{(1+r)^{4/12} - d}{u-d} = 0.53$ e $q_d = 1 - q_u = 0.47$, ricaviamo

$$\begin{aligned} C_0 &= \frac{1}{(1+r)^T} \left[q_u \phi^u + q_d \phi^d\right] = \\ &= \frac{1}{(1.04)^{4/12}} \left[0.53 \cdot 4 + 0\right] = 2.10 \text{ euro.} \end{aligned}$$

2. In questo caso il prezzo del sottostante evolve come segue

0	$T = 4$ mesi	payoff
	$S_0 u = 24$	$4 = \phi^u$
$S_0 = 20$	$S_0 \cdot 1 = 20$	$0 = \phi^m$
	$S_0 d = 16$	$0 = \phi^d$

Verificare se esiste una strategia replicante dell'opzione è equivalente a verificare se esistono un numero Δ di azioni del sottostante e una quantità di denaro x tali per cui

$$\begin{cases} \Delta S_0 u + x (1+r)^T = \phi^u \\ \Delta S_0 + x (1+r)^T = \phi^m \\ \Delta S_0 d + x (1+r)^T = \phi^d \end{cases}$$

Dal momento che il sistema precedente (di 3 equazioni in 2 incognite) è equivalente ai seguenti

$$\begin{cases} \Delta S_0 u + x\,(1+r)^T = \phi^{\mathrm{u}} \\ \Delta S_0 + x\,(1+r)^T = \phi^{\mathrm{m}} \\ \Delta S_0\,(u-d) = \phi^{\mathrm{u}} - \phi^{\mathrm{d}} \end{cases} \qquad \begin{cases} \Delta S_0 u + x\,(1+r)^T = \phi^{\mathrm{u}} \\ \Delta S_0 + x\,(1+r)^T = \phi^{\mathrm{m}} \\ \Delta = \frac{\phi^{\mathrm{u}} - \phi^{\mathrm{d}}}{S_0(u-d)} \end{cases}$$

$$\begin{cases} x\,(1+r)^T = \phi^{\mathrm{u}} - \Delta S_0 u \\ x\,(1+r)^T = \phi^{\mathrm{m}} - \Delta S_0 \\ \Delta = \frac{1}{2} \end{cases} \qquad \begin{cases} x\,(1+r)^T = -8 \\ x\,(1+r)^T = -10 \\ \Delta = \frac{1}{2} \end{cases}$$

è chiaro che tale sistema è impossibile. Ne segue allora l'impossibilità a replicare l'opzione soltanto con il sottostante e con il capitale da investire a tasso risk-free.

Si avrà allora che il mercato è incompleto (ovvero non tutte le opzioni sono replicabili) e che, in generale, il prezzo dell'opzione non è univocamente determinato.

Esercizio 3.5

Vendiamo un'opzione Call europea di maturità 2 anni, di strike 25 euro e scritta su un sottostante di valore corrente 40 Euro.

Sappiamo inoltre che il tasso d'interesse annuo risk-free è del 4% e che su ognuno dei prossimi due anni il prezzo dell'azione sottostante può salire di un fattore $u = 1.5$ o scendere di un fattore $d = 0.5$.

1. Trovare la strategia replicante dell'opzione precedente e dedurne il prezzo dell'opzione.

2. Trovare la strategia replicante di un portafoglio in cui ci sono due posizioni corte in una Call di maturità un anno, una posizione lunga in una Put di maturità un anno (dove Call e Put hanno strike 25 euro e lo stesso sottostante di cui sopra) ed una posizione lunga nel sottostante.

3. Se rimanesse tutto invariato (dinamica del sottostante, strike, maturità, ...) tranne il tasso d'interesse risk-free che invece del 4% diventa 6%, cambierebbero strategia replicante e prezzo dell'opzione?

Svolgimento

1. Dai dati dell'esercizio otteniamo che $u = 1.5$ (fattore di crescita) e $d = 0.5$ (fattore di descrescita). Quindi il prezzo dell'azione evolve come di seguito:

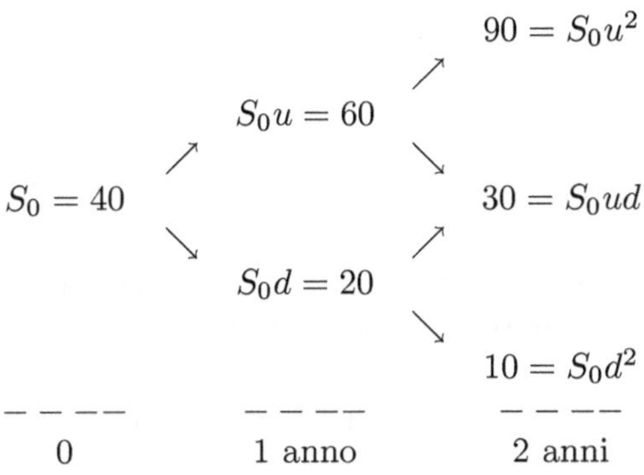

$$
\begin{array}{ccc}
0 & 1 \text{ anno} & 2 \text{ anni}
\end{array}
$$

Calcoliamo innanzitutto la probabilità neutrale al rischio tramite la quale calcolare il prezzo dell'opzione. Tale probabilità corrisponde a:

$$
\begin{aligned}
q_u &= \frac{(1+r)-d}{u-d} = \frac{1.04-0.5}{1.5-0.5} = 0.54 \\
q_d &= 1 - q_u = 0.46,
\end{aligned}
$$

siccome r è il tasso d'interesse annuo e gli intervalli temporali a cui si riferiscono u e d sono annuali.

Calcoliamo contemporaneamente il prezzo dell'opzione e la strategia replicante. Nel caso di una Call europea di strike 25 euro abbiamo quindi:

$$
\begin{array}{ccccc}
 & & 90 = S_0u^2 & & 65 = \phi^{uu} \\
 & S_0u = 60 & & & \\
S_0 = 40 & & 30 = S_0ud & & 5 = \phi^{ud} \\
 & S_0d = 20 & & & \\
 & & 10 = S_0d^2 & & 0 = \phi^{dd} \\
0 & 1 \text{ anno} & 2 \text{ anni} & & \text{Payoff opzione}
\end{array}
$$

Per calcolare la strategia replicante di tale opzione dobbiamo considerare i due periodi separatamente e procedere a ritroso.

Consideriamo innanzitutto il sotto-albero in grassetto e calcoliamo il "prezzo" C_1^u nel nodo "S_1^u" alla data $t = 1$ anno.

$$
\begin{array}{ccccc}
 & & \mathbf{90 = S_0 u^2} & & 65 = \phi^{\mathrm{uu}} \\
 & \mathbf{S_0 u = 60} \nearrow & & & \\
S_0 = 40 \nearrow \searrow & & \mathbf{30 = S_0 ud} & & 5 = \phi^{\mathrm{ud}} \\
 & S_0 d = 30 \nearrow & & & \\
 & & 10 = S_0 d^2 & & 0 = \phi^{\mathrm{dd}}
\end{array}
$$

0	1 anno	2 anni	Payoff opzione

È esattamente come prezzare e/o calcolare la strategia replicante di un'opzione in un modello ad un solo periodo. Si ottiene quindi che:

$$
C_1^u = \frac{1}{1+r}\left[q_u \cdot \phi^{\mathrm{uu}} + q_d \cdot \phi^{\mathrm{ud}}\right] = \frac{1}{1.04}\left[0.54 \cdot 65 + 0.46 \cdot 5\right] = 35.96
$$

e che la strategia replicante (Δ_1^u, x_1^u) da mettere in atto al tempo $t = 1$ nel nodo "S_1^u" è

$$
\begin{cases}
\Delta_1^u = \dfrac{\phi^{\mathrm{uu}} - \phi^{\mathrm{ud}}}{S_1^u(u-d)} = \dfrac{65-5}{60(1.5-0.5)} = 1 \\
x_1^u = \dfrac{1}{1+r}\left[\phi^{\mathrm{ud}} - \Delta_1^u S_1^u d\right] = \dfrac{1}{1.04}\left[5 - 30\right] = -24.04
\end{cases}
$$

Come ci aspettavamo, quindi,

$$
C_1^u = \Delta_1^u S_1^u + x_1^u = \Delta_1^u S_0 u + x_1^u = 35.96
$$

Analogamente per il sotto-albero in grassetto qui sotto:

$$
\begin{array}{ccccc}
 & & 90 = S_0 u^2 & & 65 = \phi^{\mathrm{uu}} \\
 & S_0 u = 60 \nearrow & & & \\
S_0 = 40 \nearrow \searrow & & \mathbf{30 = S_0 ud} & & 5 = \phi^{\mathrm{ud}} \\
 & \mathbf{S_0 d = 20} \nearrow & & & \\
 & & \mathbf{10 = S_0 d^2} & & 0 = \phi^{\mathrm{dd}}
\end{array}
$$

0	1 anno	2 anni	Payoff opzione

In questo caso si ottiene:

$$C_1^d = \frac{1}{1+r}\left[q_u \cdot \phi^{\text{ud}} + q_d \cdot \phi^{\text{dd}}\right] = \frac{1}{1.04}\left[0.54 \cdot 5 + 0\right] = 2.6$$

e

$$\begin{cases} \Delta_1^d = \frac{\phi^{\text{ud}} - \phi^{\text{dd}}}{S_1^d(u-d)} = \frac{5-0}{20(1.5-0.5)} = 0.25 \\ x_1^d = \frac{1}{1+r}\left[\phi^{\text{dd}} - \Delta_1^d S_1^d d\right] = -2.4 \end{cases}$$

E, anche in questo caso,

$$C_1^d = \Delta_1^d S_1^d + x_1^d = \Delta_1^d S_0 d + x_1^d = 2.6$$

vale esattamente quanto trovato sopra.

Consideriamo infine il primo periodo:

$$\begin{array}{lll} 0 & \quad t = 1 \text{ anno} & \\[2pt] \hline & C_1^u = 35.96 & q_u \\[6pt] C_0 =??? & & \\[6pt] & C_1^d = 2.6 & q_d \end{array}$$

Anche qui tuttavia siamo nell'ambito di un solo periodo, quindi:

$$C_0 = \frac{1}{1+r}\left[q_u \cdot C_1^u + q_d \cdot C_1^d\right] = \frac{1}{1.04}\left[0.54 \cdot 35.96 + 0.46 \cdot 2.6\right] = 19.8 \text{ euro.}$$

E per quanto riguarda la strategia replicante:

$$\begin{cases} \Delta_0 = \frac{C_1^u - C_1^d}{S_0(u-d)} = \frac{35.96-2.6}{40(1.5-0.5)} = 0.834 \\ x_0 = (1+r)^{-1}\left[C_1^d - \Delta_0 S_0 d\right] = -13.54 \end{cases}$$

Ritroviamo quindi $C_0 = \Delta_0 S_0 + x_0 = 19.8$ euro.

Riassumendo: il prezzo iniziale dell'opzione è 19.8 euro; la strategia replicante dell'opzione è la seguente. Il venditore dell'opzione, in $t = 0$, acquista 0.834 azioni e prende a prestito 13.54 euro; mentre in $t = 1$: (a) se il prezzo dell'azione è salito a $S_0 u = 60$, acquista $(1 - 0.834) = 0.166$ azioni supplementari e prende in prestito $(24.04 - 13.54) = 10.50$ euro supplementari. In totale, nel portafoglio ha 1 azione e 24.04 euro presi in prestito. (b) Se il prezzo dell'azione è sceso a $S_0 d = 20$, vende $(0.834 - 0.25) = 0.584$ azioni di quelle da lui possedute e restituisce $(13.54 - 2.4) = 11.14$ euro. In totale, nel portafoglio ha 0.25 azioni e 2.4 euro presi in prestito.

2. Consideriamo il portafoglio formato da due posizioni corte in una Call di maturità un anno, una posizione lunga in una Put di maturità un anno (dove Call e Put hanno strike 25 euro e lo stesso sottostante di cui sopra) ed una posizione lunga nel sottostante.

Siccome il valore del sottostante ed i payoffs della Call e della Put sono i seguenti:

$$S_0 u = 60 \qquad \phi^{\mathrm{u}}_{Call} = 35 \qquad \phi^{\mathrm{u}}_{Put} = 0$$

$$S_0 = 40 \nearrow$$
$$\searrow$$

$$S_0 d = 20 \qquad \phi^{\mathrm{d}}_{Call} = 0 \qquad \phi^{\mathrm{d}}_{Put} = 5$$

| 0 | $T^* = 1$ anno | payoff Call | payoff Put |

Il valore del portafoglio π che si dovrà replicare sarà

$$\phi_\pi = -2\phi_{Call} + \phi_{Put} + S_{T^*} =$$
$$= \begin{cases} \phi^{\mathrm{u}}_\pi = -2\phi^{\mathrm{u}}_{Call} + \phi^{\mathrm{u}}_{Put} + S^{\mathrm{u}}_1 = -10; & \text{se } S_1 = S^u_1 \\ \phi^{\mathrm{d}}_\pi = -2\phi^{\mathrm{d}}_{Call} + \phi^{\mathrm{d}}_{Put} + S^{\mathrm{d}}_1 = 25; & \text{se } S_1 = S^d_1 \end{cases}$$

Per trovare una strategia replicante del valore del portafoglio di cui sopra dobbiamo quindi trovare un numero Δ di azioni del sottostante e una quantità di denaro x tali per cui

$$\begin{cases} \Delta S_0 u + x \left(1 + r\right)^{T^*} = \phi^{\mathrm{u}}_\pi \\ \Delta S_0 d + x \left(1 + r\right)^{T^*} = \phi^{\mathrm{d}}_\pi \end{cases}$$

Nel nostro caso si ottiene allora che

$$\begin{cases} \Delta S_0 u - \Delta S_0 d = \phi^{\mathrm{u}}_\pi - \phi^{\mathrm{d}}_\pi \\ \Delta S_0 d = \phi^{\mathrm{d}}_\pi - x \left(1 + r\right)^{T^*} \end{cases} \qquad \begin{cases} \Delta = \frac{\phi^{\mathrm{u}}_\pi - \phi^{\mathrm{d}}_\pi}{S_0 (u-d)} = \frac{-10-25}{40(1.5-0.5)} = -0.875 \\ x = \frac{1}{1+r} \left[\phi^{\mathrm{d}}_\pi - \Delta S_0 d\right] = 40.865 \end{cases}$$

Di conseguenza la strategia replicante il valore del portafoglio si ha vendendo 0.875 unità di azione sottostante e investendo 40.865 euro in banca. Il costo di tale strategia è quindi pari a $\Delta S_0 + x = -35 + 40.865 = 5.865$ euro.

3. Per determinare la strategia replicante (che esiste sicuramente!) dell'opzione, ricordiamo che, indipendentemente dal tasso d'interesse risk-free, la dinamica del sottostante ed il payoff dell'opzione sono i seguenti:

$$90 = S_0 u^2 \qquad 65 = \phi^{\mathrm{uu}}$$

$$S_0 u = 60$$

$$S_0 = 40$$

$$30 = S_0 ud \qquad 5 = \phi^{\mathrm{ud}}$$

$$S_0 d = 20$$

$$10 = S_0 d^2 \qquad 0 = \phi^{\mathrm{dd}}$$

| 0 | 1 anno | 2 anni | Payoff opzione |

Per calcolare la strategia replicante di tale opzione dobbiamo considerare i due periodi separatamente e procedere a ritroso come nel punto 1.

Consideriamo innanzitutto il sottoalbero in grassetto e calcoliamo il prezzo C_1^u nel nodo "S_1^u" alla data $t = 1$ anno.

$$\mathbf{90 = S_0 u^2} \qquad 65 = \phi^{\mathrm{uu}}$$

$$\mathbf{S_0 u = 60}$$

$$S_0 = 40$$

$$\mathbf{30 = S_0 ud} \qquad 5 = \phi^{\mathrm{ud}}$$

$$S_0 d = 20$$

$$10 = S_0 d^2 \qquad 0 = \phi^{\mathrm{dd}}$$

| 0 | 1 anno | 2 anni | Payoff opzione |

Dal momento che con il nuovo tasso $\tilde{r}$ la probabilità risk-neutral cambia, si ha che

$$
\begin{aligned}
\tilde{q}_u &= \frac{(1+\tilde{r}) - d}{u - d} = \frac{1.06 - 0.5}{1.5 - 0.5} = 0.56 \\
\tilde{q}_d &= 1 - \tilde{q}_u = 0.44.
\end{aligned}
$$

La strategia replicante (Δ_1^u, x_1^u) da mettere in atto al tempo $t = 1$ nel nodo "S_1^u" è in questo caso

$$
\left\{
\begin{aligned}
\Delta_1^u &= \frac{\phi^{\mathrm{uu}} - \phi^{\mathrm{ud}}}{S_1^u(u-d)} = \frac{65 - 5}{60(1.5 - 0.5)} = 1 \\
x_1^u &= (1+\tilde{r})^{-1} \left[\phi^{\mathrm{ud}} - \Delta_1^u S_1^u d\right] = (1 + 0.06)^{-1} [5 - 30] = -23.58
\end{aligned}
\right.
$$

e, di conseguenza, $C_1^u = \Delta_1^u S_1^u + x_1^u = \Delta_1^u S_0 u + x_1^u = 36.42$ euro.

Analogamente per il sotto-albero in grassetto qui sotto:

$$90 = S_0 u^2 \qquad 65 = \phi^{uu}$$

$$S_0 u = 60$$

$$S_0 = 40$$

$$\mathbf{30 = S_0 ud} \qquad 5 = \phi^{ud}$$

$$\mathbf{S_0 d = 20}$$

$$\mathbf{10 = S_0 d^2} \qquad 0 = \phi^{dd}$$

0	1 anno	2 anni	Payoff opzione

In questo caso si ottiene:

$$\begin{cases} \Delta_1^d = \dfrac{\phi^{ud} - \phi^{dd}}{S_1^d (u-d)} = \dfrac{5-0}{20(1.5-0.5)} = 0.25 \\ x_1^d = (1+\tilde{r})^{-1}\left[\phi^{dd} - \Delta_1^d S_1^d d\right] = -2.36 \end{cases}$$

Di conseguenza, $C_1^d = \Delta_1^d S_1^d + x_1^d = \Delta_1^d S_0 d + x_1^d = 2.64$ euro.

Consideriamo infine il primo periodo:

$$0 \qquad\qquad t = 1 \text{ anno}$$

$$C_1^u = 36.42 \quad \tilde{q}_u$$

$$C_0 = ???$$

$$C_1^d = 2.64 \quad \tilde{q}_d$$

Per quanto riguarda la strategia replicante otteniamo che:

$$\begin{cases} \Delta_0 = \dfrac{C_1^u - C_1^d}{S_0(u-d)} = \dfrac{36.42 - 2.64}{40(1.5-0.5)} = 0.8445 \\ x_0 = \dfrac{1}{1+\tilde{r}}\left[C_1^d - \Delta_0 S_0 d\right] = -13.44 \end{cases}$$

Ne deduciamo allora che $C_0 = \Delta_0 S_0 + x_0 = 20.34$ euro.

Esercizio 3.6

Il prezzo corrente di un'azione è $S_0^1 = 8$ euro. Tra un anno tale prezzo potrà essere salito a 16 euro o a 12 euro oppure essere sceso a 2 euro.
Il tasso d'interesse risk-free è del 4% annuo.

1. Si consideri un'opzione Call europea scritta sul sottostante azionario di cui sopra, di strike 8 euro e scadenza un anno. È possibile replicare tale opzione soltanto con l'azione sottostante e con denaro depositato in banca (o preso in prestito) a tasso risk-free?

2. Si consideri un'altra azione di prezzo corrente $S_0^2 = 10$ euro e che tra un anno potrà valere 20 euro (quando la prima vale 16), 8 euro (quando la prima vale 12) oppure 6 euro (quando la prima vale 2).

   Si consideri poi una nuova opzione di payoff

   $$\phi = \left(\tilde{S}_T - E\right)^+,$$

   dove $\tilde{S}_T = \frac{S_T^1 + S_T^2}{2} - \left|\frac{S_T^1 - S_T^2}{4}\right|$, T è la data di scadenza (pari ad un anno) ed E è lo strike che coincide con quello della Call del punto 1.

   È possibile replicare l'opzione di cui sopra con le due azioni e con il denaro depositato in banca (o preso in prestito)? Se sì, qual è il costo di tale strategia di replicazione?

Svolgimento

1. Dai dati dell'esercizio otteniamo che il prezzo della prima azione ed il payoff della Call europea scritta su tale azione, di scadenza un anno e di strike 8 euro sono i seguenti:

$$S_1^{1,u} = 16 \qquad \phi_{Call}^u = 8$$

$$S_0^1 = 8 \;\to\; S_1^{1,m} = 12 \qquad \phi_{Call}^m = 4$$

$$S_1^{1,d} = 2 \qquad \phi_{Call}^d = 0$$

$$\text{0} \qquad\qquad \text{1 anno} \qquad\qquad \text{payoff Call}$$

Per verificare se l'opzione Call di cui sopra è replicabile oppure no con l'azione sottostante ed il denaro investito in banca (o preso in prestito dalla banca), dobbiamo verificare se il seguente sistema ammette soluzioni oppure no:

$$\begin{cases} \Delta S_1^{1,u} + x\left(1+r\right)^T = \phi_{Call}^u \\ \Delta S_1^{1,m} + x\left(1+r\right)^T = \phi_{Call}^m \\ \Delta S_1^{1,d} + x\left(1+r\right)^T = \phi_{Call}^d \end{cases},$$

dove Δ rappresenta il numero di azioni del sottostante da acquistare o da vendere e x la quantità di denaro da investire (o da prendere in prestito).

Dal momento che $T = 1$ anno, il sistema precedente (di 3 equazioni in 2 incognite) è equivalente ai seguenti

$$\begin{cases} \Delta S_1^{1,u} + x\left(1+r\right) = \phi_{Call}^u \\ \Delta\left(S_1^{1,u} - S_1^{1,m}\right) = \phi_{Call}^u - \phi_{Call}^m \\ \Delta S_1^{1,d} + x\left(1+r\right) = \phi_{Call}^d \end{cases} \qquad \begin{cases} \Delta S_1^{1,u} + x\left(1+r\right) = \phi_{Call}^u \\ \Delta = \frac{\phi_{Call}^u - \phi_{Call}^m}{S_1^{1,u} - S_1^{1,m}} \\ \Delta S_1^{1,d} + x\left(1+r\right) = \phi_{Call}^d \end{cases}$$

$$\begin{cases} x\left(1+r\right) = \phi_{Call}^u - \Delta S_1^{1,u} \\ \Delta = 1 \\ x\left(1+r\right) = \phi_{Call}^d - \Delta S_1^{1,d} \end{cases} \begin{cases} x\left(1+r\right) = -8 \\ \Delta = 1 \\ x\left(1+r\right) = -2 \end{cases}$$

È allora chiaro che non esistono soluzioni. Ne segue allora che la Call non è replicabile soltanto con il sottostante ed il capitale da investire (o da prendere in prestito) a tasso risk-free.

2. Dai dati dell'esercizio deduciamo che la dinamica delle due azioni ed il payoff dell'opzione scritta su di esse sono i seguenti:

$$
\begin{array}{ccc}
& S_1^{1,u} = 16;\ S_1^{2,u} = 20 & \phi^u = 9 \\
\nearrow & & \\
S_0^1 = 8;\ S_0^2 = 10 \quad\rightarrow & S_1^{1,m} = 12;\ S_1^{2,m} = 8 & \phi^m = 1 \\
\searrow & & \\
& S_1^{1,d} = 2;\ S_1^{2,d} = 6 & \phi^d = 0 \\
\hline
0 & 1\ \text{anno} & \text{payoff opzione}
\end{array}
$$

Verificare se esiste una strategia replicante dell'opzione è equivalente a verificare se esistono un numero Δ^1 di azioni del primo tipo, un numero Δ^2 di azioni del secondo tipo e una quantità di denaro x da investire in banca (o da prendere in prestito) tali per cui

$$
\begin{cases}
\Delta^1 S_1^{1,u} + \Delta^2 S_1^{2,u} + x\,(1+r) = \phi^u \\
\Delta^1 S_1^{1,m} + \Delta^2 S_1^{2,m} + x\,(1+r) = \phi^m \\
\Delta^1 S_1^{1,d} + \Delta^2 S_1^{2,d} + x\,(1+r) = \phi^d
\end{cases}
$$

Con i dati del problema, il sistema precedente (di 3 equazioni in 3 incognite) è equivalente a

$$
\begin{cases}
16\Delta^1 + 20\Delta^2 + x\,(1+r) = 9 \\
12\Delta^1 + 8\Delta^2 + x\,(1+r) = 1 \\
2\Delta^1 + 6\Delta^2 + x\,(1+r) = 0
\end{cases}
\qquad
\begin{cases}
16\Delta^1 + 20\Delta^2 + x\,(1+r) = 9 \\
10\Delta^1 + 2\Delta^2 = 1 \\
2\Delta^1 + 6\Delta^2 + x\,(1+r) = 0
\end{cases}
$$

$$
\begin{cases}
16\Delta^1 + 20\Delta^2 + x\,(1+r) = 9 \\
\Delta^2 = 1/2 - 5\Delta^1 \\
14\Delta^1 + 14\Delta^2 = 9
\end{cases}
\qquad
\begin{cases}
16\Delta^1 + 20\Delta^2 + x\,(1+r) = 9 \\
\Delta^2 = 1/2 - 5\Delta^1 \\
-56\Delta^1 = 2
\end{cases}
$$

$$
\begin{cases}
x = \dfrac{9 - 16\Delta^1 - 20\Delta^2}{1+r} \\
\Delta^2 = \frac{19}{28} \\
\Delta^1 = -\frac{1}{28}
\end{cases}
\qquad
\begin{cases}
x = -3.846 \\
\Delta^2 = \frac{19}{28} \\
\Delta^1 = -\frac{1}{28}
\end{cases}
$$

L'opzione è quindi replicabile vendendo $-\Delta^1 = \frac{1}{28}$ azioni del primo tipo, acquistando $\Delta^2 = \frac{19}{28}$ azioni del secondo tipo e prendendo in prestito 3.846 euro. Se ne deduce quindi che il costo di tale strategia di replicazione è pari a

$$
\Delta^1 S_0^1 + \Delta^2 S_0^2 + x = -\frac{1}{28}\cdot 8 + \frac{19}{28}\cdot 10 - 3.846 = 2.654\ \text{euro}.
$$

Esercizio 3.7

Il prezzo odierno di un'azione A è $S_0^A = 8$ euro. Tra un anno tale azione potrà essere salita del 25% oppure scesa del 25%. Si consideri poi una seconda azione B di prezzo corrente $S_0^B = 12$ euro ed il cui prezzo tra un anno potrà essere salito del 25% (quando anche quello della prima azione è salito del 25%) oppure essere sceso del 25% (quando anche quello della prima sarà sceso del 25%).

Si considerino poi un'opzione Call europea di scadenza un anno, di strike 8 euro e scritta sull'azione A, e un tasso d'interesse risk-free del 4% annuo.

1. È possibile replicare l'opzione Call europea di cui sopra soltanto con l'azione A e con denaro depositato in banca o preso in prestito (a tasso risk-free)?

2. È possibile replicare l'opzione Call europea di cui sopra con posizioni lunghe nell'azione A e corte nell'azione B e con denaro depositato in banca o preso in prestito (a tasso risk-free)? In caso affermativo, si calcoli il costo di tale strategia di replicazione.

3. È possibile replicare l'opzione Call europea di cui sopra soltanto con le due azioni A e B e con denaro depositato in banca o preso in prestito (a tasso risk-free) ma vendendo necessariamente una (e soltanto una) azione B?

Svolgimento

1. Dai dati dell'esercizio otteniamo che per entrambe le azioni A e B $u = 1.25$ (fattore di crescita) e $d = 0.75$ (fattore di decrescita) e che i prezzi di tali azioni ed il payoff della Call europea di scadenza 1 anno e strike 8 sull'azione A sono i seguenti:

$$S_1^{A,u} = S_0^A u = 10$$
$$S_1^{B,u} = S_0^B u = 15$$
$$\phi_{Call}^u = 2$$

$$S_0^A = 8$$
$$S_0^B = 12$$

$$S_1^{A,d} = S_0^A d = 6$$
$$S_1^{B,d} = S_0^B u = 9$$
$$\phi_{Call}^d = 0$$

$$0 \qquad 1 \text{ anno} \qquad \text{payoff Call su A}$$

Per verificare se l'opzione Call di cui sopra è replicabile oppure no con l'azione A ed il denaro investito (o preso in prestito), dobbiamo verificare se il seguente sistema ammette soluzioni oppure no:

$$\begin{cases} \Delta^A S_1^{A,u} + x\,(1+r)^T = \phi_{Call}^{\mathrm{u}} \\ \Delta^A S_1^{A,d} + x\,(1+r)^T = \phi_{Call}^{\mathrm{d}} \end{cases},$$

dove Δ^A rappresenta il numero di azioni A da acquistare o da vendere e x la quantità di denaro da investire o da prendere in prestito in banca.

Con i dati dell'esercizio il sistema precedente (di 2 equazioni in 2 incognite) diventa:

$$\begin{cases} 10\Delta^A + x\,(1+r) = 2 \\ 6\Delta^A + x\,(1+r) = 0 \end{cases} \qquad \begin{cases} 10\Delta^A + x\,(1+r) = 2 \\ 4\Delta^A = 2 \end{cases}$$

$$\begin{cases} x = -\frac{3}{1.04} \\ \Delta^A = \frac{1}{2} \end{cases} \begin{cases} x = -2.88 \\ \Delta^A = \frac{1}{2} \end{cases}$$

Di conseguenza la Call è replicabile acquistando $\Delta^A = \frac{1}{2}$ azioni A e prendendo a prestito a tasso risk-free 2.88 euro. Il costo iniziale della strategia replicante è allora

$$\Delta^A S_0^A + x = 4 - 2.88 = 1.12 \text{ euro.}$$

2. Verificare se esiste una strategia replicante della Call con posizioni lunghe nell'azione A e corte nell'azione B e con il denaro in banca è equivalente a verificare se esistono un numero $\Delta^A \geq 0$ di azioni A, un numero $\Delta^B \leq 0$ di azioni B e una quantità di denaro x tali per cui

$$\begin{cases} \Delta^A S_1^{A,u} + \Delta^B S_1^{B,u} + x\,(1+r) = \phi^{\mathrm{u}} \\ \Delta^A S_1^{A,d} + \Delta^B S_1^{B,d} + x\,(1+r) = \phi^{\mathrm{d}} \\ \Delta^A \geq 0; \ \Delta^B \leq 0 \end{cases}$$

Con i dati del problema, il sistema precedente diventa

$$\begin{cases} 10\Delta^A + 15\Delta^B + x\,(1+r) = 2 \\ 6\Delta^A + 9\Delta^B + x\,(1+r) = 0 \\ \Delta^A \geq 0; \ \Delta^B \leq 0 \end{cases} \quad \begin{cases} 10\Delta^A + 15\Delta^B + x\,(1+r) = 2 \\ 4\Delta^A + 6\Delta^B = 2 \\ \Delta^A \geq 0; \ \Delta^B \leq 0 \end{cases}$$

$$\begin{cases} 10\Delta^A + 15\Delta^B + x\,(1+r) = 2 \\ \Delta^A = \frac{1}{2} - \frac{3}{2}\Delta^B \\ \Delta^A \geq 0; \ \Delta^B \leq 0 \end{cases} \quad \begin{cases} 5 - 15\Delta^B + 15\Delta^B + x\,(1+r) = 2 \\ \Delta^A = \frac{1}{2} - \frac{3}{2}\Delta^B \\ \Delta^A \geq 0; \ \Delta^B \leq 0 \end{cases}$$

$$\begin{cases} x = -\frac{3}{1.04} = -2.88 \\ \Delta^A = \frac{1}{2} - \frac{3}{2}\Delta^B \\ \Delta^B \leq 0 \end{cases}$$

Si ottiene quindi che la Call è replicabile con $\Delta^B \leq 0$ azioni B, $\Delta^A = \frac{1}{2} - \frac{3}{2}\Delta^B$ azioni A e prendendo in prestito 2.88 euro. Il costo della strategia replicante risulta allora essere pari a

$$\Delta^A S_0^A + \Delta^B S_0^B + x$$
$$= \left(\frac{1}{2} - \frac{3}{2}\Delta^B\right) \cdot 8 + 12\Delta^B - 2.88 = 1.12 \text{ euro}$$

3. Nel caso in cui si volesse replicare la Call vendendo necessariamente una ed una sola azione B, allora dovremmo imporre $\Delta^B = -1$ e sfruttare il risultato ottenuto nel punto 2.

Si otterrebbe quindi che la strategia replicante della Call sarebbe

$$\begin{cases} x = -\frac{3}{1.04} = -2.88 \\ \Delta^A = \frac{1}{2} - \frac{3}{2}(-1) \\ \Delta^B = -1 \end{cases} \qquad \begin{cases} x = -\frac{3}{1.04} = -2.88 \\ \Delta^A = 2 \\ \Delta^B = -1 \end{cases}$$

In questo caso, quindi, la Call può essere replicata acquistando 2 azioni A, vendendo un'azione B e prendendo in prestito 2.88 euro. È immediato verificare che il costo di tale strategia di replicazione è ancora pari a 1.12 euro.

Esercizio 3.8

Il prezzo corrente di un'azione è $S_0 = 8$ euro. Tra un anno tale prezzo potrà essere salito a 16 euro, a 12 euro oppure a 8.32 euro, ognuno con probabilità "reale" pari ad 1/3.

Sul mercato è possibile vendere (al prezzo di un euro) una Call europea scritta sull'azione precedente, di scadenza 1 anno e strike 11 euro.

Il tasso d'interesse risk-free è del 4% annuo.

Mettiamo in atto la seguente strategia:

- acquistiamo un'azione come sopra
- vendiamo una Call come sopra
- prendiamo in prestito 7 euro al tasso d'interesse risk-free

Si verifichi che tale strategia rappresenta un'opportunità di arbitraggio.

Svolgimento

Consideriamo la strategia (A):

- acquistiamo un'azione come sopra
- vendiamo una Call come sopra
- prendiamo in prestito 7 euro al tasso d'interesse risk-free

Il valore iniziale $(V_0(A))$ ed il valore finale $(V_1(A))$ della strategia A sono i seguenti:

<table>
<tr><td align="center">$t = 0$</td><td></td><td align="center">$t = 1$ anno</td></tr>
<tr><td align="center">acquistiamo 1 azione sottost
$\Rightarrow \quad -S_0 = -8$</td><td></td><td align="center">valore dell'azione
S_T</td></tr>
<tr><td align="center">vendiamo la Call
$\Rightarrow \quad +C_0 = 1$</td><td></td><td align="center">payoff della Call
$-(S_T - E)^+$</td></tr>
<tr><td align="center">prendiamo a prestito 7 euro
$\Rightarrow \quad +c = 7$</td><td></td><td align="center">restituzione del prestito
$-c(1 + r)^1 = -7 \cdot 1.04 = -7.28$</td></tr>
<tr><td align="center">$V_0(A) = C_0 - S_0 + c = 0$</td><td></td><td align="center">$V_1(A) = S_T - (S_T - E)^+ - c(1 + r)$</td></tr>
</table>

Ricordiamo innanzitutto che $S_T - (S_T - E)^+ = \max\{S_T; E\}$. Siccome $V_0(A) = 0$, per verificare che la strategia messa in atto sia un'opportunità di arbitraggio è sufficiente verificare che $V_1(A) = S_T - (S_T - E)^+ - c(1 + r) = \max\{S_T; E\} - c(1 + r) \geq 0$ e che $P(V_1(A) > 0) > 0$.

Dai dati del problema sappiamo tuttavia che $P(S_T = 16) = P(S_T = 12) = P(S_T = 8.32) = \frac{1}{3}$, quindi il valore finale $V_1(A)$ della strategia A può assumere i seguenti valori

$$V_1(A) = \begin{cases} \max\{16; 11\} - 7.28 = 8.72; & \text{con probabilità } 1/3 \\ \max\{12; 11\} - 7.28 = 4.72; & \text{con probabilità } 1/3 \\ \max\{10; 11\} - 7.28 = 3.72; & \text{con probabilità } 1/3 \end{cases}$$

quindi $V_1(A) \geq 0$ e $P(V_1(A) > 0) = 1 > 0$.

Siccome $V_0(A) = 0$, da quanto appena stabilito segue che la strategia A è un'opportunità di arbitraggio.

3.3 Esercizi proposti

Es. 3.9 Il prezzo odierno di un'azione è 12 euro. Si sa che tra 4 mesi tale azione potrà valere 16 oppure 10 euro e che nel secondo quadrimestre i fattori di crescita e di decrescita rimarranno gli stessi del primo quadrimestre. Il tasso d'interesse utilizzato è del 4% annuo.

Si consideri poi una seconda azione legata alla precedente dal fatto che i prezzi di questa seconda azione sono, nodo per nodo, il quadrato di quelli della prima.

   (a) Indicando con S_t e con $\tilde{S}_t$ i prezzi (alla data t) della prima azione e della seconda, rispettivamente, ed indicando con u e d (risp. $\tilde{u}$ e $\tilde{d}$) i fattori di crescita e di decrescita su ogni periodo, si verifichi che l'andamento della seconda azione segue un modello binomiale con $\tilde{S}_0 = S_0^2$, $\tilde{u} = u^2$ e $\tilde{d} = d^2$.

(b) Si calcoli il prezzo odierno di una Put europea sulla seconda azione con maturità 8 mesi e strike 144 euro.

(c) Qual è la strategia che il venditore di tale opzione Put europea deve mettere in atto per replicare l'opzione? In base a tale strategia replicante si controlli il risultato ottenuto in (b).

(d) Si confronti il prezzo della Put del punto precedente con quello della Put corrispondente scritta sulla prima azione e strike 12 euro. Quale opzione è più costosa? O è indifferente?

(e) Tramite la relazione Put-Call, si deducano i prezzi delle Call europee corrispondenti.

Es. 3.10 Il prezzo corrente di un'azione è $S_0 = 8$ euro. Tra un anno tale prezzo (S_1) potrà essere salito a 16 euro, a 12 euro oppure a 8.32 euro, ognuno con probabilità "reale" pari ad 1/3.

Il tasso d'interesse risk-free è del 4% annuo.

(a) Si consideri la seguente strategia:

- acquistiamo un'azione come sopra
- prendiamo in prestito 8 euro al tasso d'interesse risk-free

Si verifichi se tale strategia rappresenta un'opportunità di arbitraggio oppure no.

(b) Cambierebbe qualcosa se la probabilità "reale" che il prezzo tra un anno sia pari a 16, 12 o 8.32 euro valesse rispettivamente 1/2, 1/4 e 1/4?

(c) Esiste un valore per il tasso d'interesse tale per cui il mercato sia privo di arbitraggio?

(d) Se $\tilde{S}_1 = S_1 - 4$ fosse la v.a. che rappresenta il valore di una seconda azione tra un anno ed il tasso d'interesse fosse pari al 4% annuo, la strategia in (a) sarebbe un'opportunità di arbitraggio oppure no?

Capitolo 4

Modello di Black-Scholes e strategie di investimento

4.1 Richiami di teoria

Consideriamo ora un modello di mercato in cui siano presenti i due titoli che nel capitolo precedente abbiamo chiamato rispettivamente bond e stock, nell'ipotesi che il primo consista di un'attività finanziaria non rischiosa e il secondo di un'attività rischiosa.

A differenza del capitolo precedente, dove avevamo introdotto il *modello binomiale*, ovvero un modello di mercato *a tempo discreto*, ora presenteremo il cosiddetto *modello di Black-Scholes*, ovvero un celebre esempio di modello di mercato *a tempo continuo*.

Il modello di Black-Scholes si basa sull'ipotesi che il prezzo del titolo rischioso S evolva secondo un processo stocastico a tempo continuo di tipo lognormale, i.e.

$$S_t = S_0 \exp\left\{ \left(\mu - \frac{1}{2}\sigma^2 \right) t + \sigma W_t \right\}, \tag{4.1}$$

dove S_0 è il prezzo iniziale dell'azione, μ è il coefficiente di drift, σ è il coefficiente di diffusione (o *volatilità*) e $(W_t)_{t \geq 0}$ è un moto browniano standard. Dal Lemma di Itô segue che l'equazione differenziale stocastica che descrive l'evoluzione di S è la seguente:

$$dS_t = \mu S_t dt + \sigma S_t dW_t \tag{4.2}$$

$$S(0) = S_0 \tag{4.3}$$

Il prezzo del titolo non rischioso B verrà invece calcolato in regime di capitalizzazione composta al tasso di interesse r privo di rischio. Più precisamente, se B_0 è il prezzo iniziale del titolo non rischioso, allora:

$$B_t = B_0 \exp(rt) \tag{4.4}$$

o, equivalentemente,

$$dB_t = rB_t dt \tag{4.5}$$
$$B(0) = B_0 \tag{4.6}$$

Il modello si basa inoltre su alcune ipotesi semplificative per il modello di mercato in considerazione: la perfetta liquidità (il numero di titoli di un certo tipo che si possono vendere o acquistare può essere un qualunque numero reale), la possibilità illimitata di vendere allo scoperto, l'assenza di costi di transazione e l'ipotesi che i prezzi dei titoli siano gli stessi per la vendita e l'acquisto. Alle ipotesi suddette va naturalmente aggiunta l'ipotesi di assenza di opportunità di arbitraggio.

Nel modello di Black-Scholes sopra introdotto, è possibile verificare (cfr. [2], [7], [11] per maggiori dettagli) l'esistenza di una misura equivalente di martingala mediante la quale calcolare il prezzo di un titolo derivato compatibile con l'ipotesi di assenza di arbitraggio. Alla data t, tale prezzo sarà dato dal valore atteso (opportunamente attualizzato) del payoff del titolo derivato, valore atteso condizionato al valore assunto dal sottostante all'istante t e calcolato rispetto alla misura equivalente di martingala. La misura equivalente di martingala viene anche detta "neutrale rispetto al rischio" (o risk-neutral): rispetto ad essa, infatti, il sottostante evolve come se fosse un titolo non rischioso. La dinamica del sottostante rispetto alla misura risk-neutral è infatti descritta dall'equazione differenziale stocastica seguente:

$$dS_t = rS_t dt + \sigma S_t dW_t \tag{4.7}$$
$$S_0 = s_0 \tag{4.8}$$

È possibile inoltre dimostrare che il modello di Black-Scholes, come peraltro il modello binomiale, è un modello di mercato completo. Il Secondo Teorema Fondamentale dell'Asset Pricing implica quindi per tale modello l'unicità della misura neutrale rispetto al rischio. Nel caso di modelli di mercato completi esiste quindi per il generico titolo derivato un unico valore $F(S_t, t)$ compatibile con l'ipotesi di assenza di arbitraggio. Tale valore può essere ottenuto mediante la risoluzione dell'equazione alle derivate parziali seguente, detta *equazione di Black-Scholes*:

$$\frac{\partial F}{\partial t} + \frac{\sigma^2}{2}\frac{\partial^2 F}{\partial S^2} + rS\frac{\partial F}{\partial S} - rF = 0 \tag{4.9}$$

corredata delle opportune condizioni finali e al contorno. Equivalentemente, il valore $F(S_t, t)$ può essere ottenuto mediante il calcolo del valore atteso del payoff attualizzato del titolo derivato, valore atteso calcolato rispetto alla misura equivalente di martingala e condizionato a $\mathcal{F}_t$ (con $(\mathcal{F}_t)_{t \geq 0}$ filtrazione naturale generata da $(S_t)_{t \geq 0}$). I.e.

$$F(S_t, t) = e^{-r(T-t)} E_Q[F(S_T, T)|\mathcal{F}_t]. \tag{4.10}$$

Formula di Black-Scholes per opzioni Call/Put europee su sottostanti azionari senza dividendi

Si consideri un'opzione Call di tipo europeo, il cui payoff è dato dalla seguente espressione:

$$C(S_T, T) = \max\left\{S_T - E; 0\right\},$$

dove E è il prezzo di esercizio (o *strike*) dell'opzione ed S_T è il valore del sottostante a scadenza. La soluzione dell'equazione alle derivate parziali di Black-Scholes (ovvero il valore atteso rispetto alla misura di martingala equivalente del payoff attualizzato) fornisce il valore dato dalla seguente *Formula di Black-Scholes*:

$$C(S_t, t) = S_t N(d_1) - E e^{-r(T-t)} N(d_2), \quad 0 \le t < T \qquad (4.11)$$

dove $N(\cdot)$ è la funzione di ripartizione della Normale standard:

$$N(x) \triangleq \frac{1}{\sqrt{2\pi}} \int_{-\infty}^{x} e^{-z^2/2} dz \qquad (4.12)$$

e d_1, d_2 sono definiti come segue:

$$d_1 = \frac{\ln(S_t/E) + (r + \frac{\sigma^2}{2})(T-t)}{\sigma\sqrt{T-t}} \qquad (4.13)$$

$$d_2 = \frac{\ln(S_t/E) + (r - \frac{\sigma^2}{2})(T-t)}{\sigma\sqrt{T-t}} = d_1 - \sigma\sqrt{T-t} \qquad (4.14)$$

Per calcolare il valore di un'opzione Put, si può procedere in maniera analoga tenendo conto che il valore finale (che coincide con il payoff) di una Put è dato da

$$P(S_T, T) = \max\left\{E - S_T; 0\right\},$$

oppure osservando che esiste una relazione tra un'opzione Call e una Put (sul medesimo sottostante con medesimo prezzo di esercizio e data di scadenza). Tale relazione va sotto il nome di *Parità Put-Call* ed ha la seguente forma:

$$C(S_t, t) - P(S_t, t) = S_t - E e^{-r(T-t)} \qquad (4.15)$$

Procedendo in uno qualunque dei modi suddetti, l'espressione del valore di una Put europea con scadenza T e prezzo di esercizio E, scritta sul sottostante S e al tempo t, risulta:

$$P(S_t, t) = E e^{-r(T-t)} N(-d_2) - S_t N(-d_1), \quad 0 \le t < T. \qquad (4.16)$$

Formula di Black-Scholes per opzioni Call/Put europee su sottostanti azionari con dividendi "continui"

Nel caso in cui il tasso di dividendo sia costante nel tempo, i.e. nell'intervallo infinitesimo dt venga distribuita ai possessori del titolo di valore S la somma $D_0 S dt$, si dice che il titolo S paga dividendi "continui".

La formula di Black-Scholes per l'opzione Call europea su un sottostante con dividendi continui si ottiene dalla (4.11) sostituendo al valore r del tasso di interesse privo di rischio il valore $(r - D_0)$ nelle espressioni di d_1 e d_2 (chiameremo d_1', d_2' i valori così ottenuti) e sostituendo $S_t e^{-D_0(T-t)}$ ad S_t nel primo termine della formula. Si ottiene così:

$$C(S_t, t) = S_t e^{-D_0(T-t)} N(d_1') - E e^{-r(T-t)} N(d_2'), \qquad (4.17)$$

dove

$$d_1' = \frac{\ln(S_t/E) + (r - D_0 + \frac{\sigma^2}{2})(T-t)}{\sigma\sqrt{T-t}} \qquad (4.18)$$

$$d_2' = \frac{\ln(S_t/E) + (r - D_0 - \frac{\sigma^2}{2})(T-t)}{\sigma\sqrt{T-t}} \qquad (4.19)$$

Una formula analoga vale per il caso di un'opzione Put europea.

Formula di Black-Scholes per opzioni Call/Put europee su sottostanti azionari con dividendi "discreti"

Nel caso in cui i dividendi non vengano pagati in modo "continuo" (come nel caso precedente in cui si aveva un tasso di dividendo), ma soltanto in scadenze prefissate, si dice che i dividendi pagati dal titolo sono "discreti".

La formula di Black-Scholes per un'opzione Call europea scritta su un sottostante azionario con dividendi discreti è la seguente:

$$C(S_0, 0) = (S_0 - D)\, N\left(\hat{d}_1\right) - E e^{-rT} N\left(\hat{d}_2\right), \qquad (4.20)$$

dove D è il valore attuale dei dividendi pagati entro la data di scadenza T e

$$\hat{d}_1 = \frac{\ln\left((S_0 - D)/E\right) + \left(r + \frac{1}{2}\sigma^2\right) T}{\sigma\sqrt{T}}$$

$$\hat{d}_2 = \frac{\ln\left((S_0 - D)/E\right) + \left(r - \frac{1}{2}\sigma^2\right) T}{\sigma\sqrt{T}} = \hat{d}_1 - \sigma\sqrt{T}$$

Una formula analoga vale per il prezzo iniziale di una Put europea su un sottostante azionario con dividendi discreti.

Come visto per opzioni su sottostanti azionari senza dividendi, vale una *Parità Put-Call* per opzioni europee scritte sullo stesso sottostante azionario che paga dividendi discreti:

$$C(S_0, 0) - P(S_0, 0) = S_0 - D - E e^{-rT}.$$

Per semplicità di notazione, di seguito scriveremo spesso C_t al posto di $C(S_t, t)$ e P_t al posto di $P(S_t, t)$.

Il modello di Black-Scholes permette non soltanto di calcolare in maniera esplicita il valore di un'opzione europea di tipo Put o Call sul sottostante S, ma anche di calcolare la cosiddetta strategia di copertura (o *hedging*) nei confronti del rischio che il venditore del titolo derivato si assume. Una strategia di copertura può essere di tipo *statico* (talvolta chiamata strategia "buy and hold") ed in tal caso la composizione di un portafoglio rimane la stessa per tutta la sua durata, oppure di tipo *dinamico*, ed in tal caso si rende necessario un continuo ribilanciamento della composizione del portafoglio utilizzato perché esso rimanga privo di rischio.

La strategia di copertura di tipo dinamico più elementare è quella costituita dal *Delta-hedging*, cui si è accennato in precedenza, con la quale si costruisce un portafoglio istantaneamente privo di rischio componendolo di una unità del titolo derivato e di $-\Delta$ (delta) unità del sottostante (il segno negativo indica una posizione "corta"). Il Delta di un titolo derivato di valore $F(S_t, t)$ viene definito come segue:

$$\Delta_F \triangleq \frac{\partial F}{\partial S} \tag{4.21}$$

e, ovviamente, varia da istante a istante. In base alla formula di Black-Scholes si vede facilmente che il delta di un'opzione europea di tipo Call su un sottostante azionario che non paga dividendi è dato da:

$$\Delta_{Call} = N(d_1), \tag{4.22}$$

mentre il Delta dell'opzione Put corrispondente è

$$\Delta_{Put} = N(d_1) - 1. \tag{4.23}$$

Si osservi che $\Delta_{Call} > 0$ mentre $\Delta_{Put} < 0$.

Teoricamente, per mantenere il portafoglio privo di rischio occorrerebbe variarne la sua composizione da istante a istante, cosa di impossibile realizzazione concreta. In pratica, il portafoglio viene ribilanciato ad intervalli di tempo ravvicinati quanto basta perché il rischio venga tenuto sotto controllo. Quando la variazione del valore del titolo derivato nel tempo diventa estremamente rapida, per cui diviene anche difficile controllare il rischio associato a tale variazione, si ricorre alla strategia detta di *Gamma-hedging*. Il gamma Γ di un titolo derivato è infatti definito come segue:

$$\Gamma_F \triangleq \frac{\partial^2 F}{\partial S^2}. \tag{4.24}$$

Per il modello di Black-Scholes, il Gamma di un'opzione europea di tipo Call o di tipo Put su un sottostante azionario che non paga dividendi è dato da:

$$\Gamma_{Call} = \Gamma_{Put} = \frac{\varphi(d_1)}{\sigma S_t \sqrt{T - t}} \tag{4.25}$$

dove $\varphi(\cdot)$ denota la funzione di densità di una Normale standard.

La strategia di Gamma-hedging consiste nel costruire un portafoglio il cui Gamma sia istantaneamente nullo. Per annullare simultaneamente il Delta e il Gamma del portafoglio (in questo caso si dice che il portafoglio è Delta e Gamma-neutrale) occorre che il portafoglio stesso venga composto di più di due titoli, a differenza di un portafoglio che sia soltanto Delta-neutrale. Dagli esercizi svolti si vedrà facilmente come tale idea venga applicata.

Segnaliamo che oltre ai due coefficienti Delta e Gamma, che svolgono il ruolo di indicatori del rischio di un derivato associato alla variazione di prezzo del sottostante, vengono utilizzati altri tre coefficienti quali indicatori del rischio associato alla variazione del tasso di interesse r privo di rischio, alla variazione della volatilità σ, ed alla variazione del tempo t, indicatori denotati con ρ (Rho), ν (Vega) e θ (Theta), rispettivamente. Tali indicatori sono utilizzati a loro volta per costruire portafogli neutrali rispetto ai rischi associati.

Per un'opzione europea di tipo Call su un sottostante azionario senza dividendi le espressioni di ρ, ν e θ sono le seguenti:

$$\rho \triangleq \frac{\partial F}{\partial r} = E(T - t)e^{-r(T-t)}N(d_2) \tag{4.26}$$

$$\nu \triangleq \frac{\partial F}{\partial \sigma} = S_t\varphi(d_1)\sqrt{T - t} \tag{4.27}$$

$$\theta \triangleq \frac{\partial F}{\partial t} = -\frac{\sigma S_t\varphi(d_1)}{2\sqrt{T - t}} - rEe^{-r(T-t)}N(d_2). \tag{4.28}$$

Costruendo portafogli composti da opportune quantità di sottostanti e di titoli derivati si possono realizzare profili di rischio di vario tipo adeguati ai differenti obiettivi e alle diverse attitudini al rischio degli investitori. Alcuni di questi strumenti verranno studiati negli esercizi svolti.

Rimandiamo il lettore interessato ad approfondire i concetti e le nozioni ora esposte ai testi di Björk [2], Hull [8] e Wilmott, Howison, Dewynne [16], [17].

4.2   Esercizi svolti

Esercizio 4.1

1. Dalle proprietà sui prezzi di opzioni Call e Put europee scritte sulla stessa azione che non paga dividendi, è noto che in assenza di arbitraggio

$$C_0 \leq S_0 \quad \text{e} \quad P_0 \leq Ee^{-rT},$$

   dove E indica lo strike delle opzioni, T la scadenza delle opzioni e r il tasso d'interesse risk-free annuo.

   Si verifichi che

   $$-Ee^{-rT} \leq C_0 - P_0 \leq S_0$$

   e si trovi un'opportunità di arbitraggio nei seguenti casi

(a) $C_0 - P_0 > S_0$;

(b) $C_0 - P_0 < -Ee^{-rT}$.

2. È noto che, sotto l'ipotesi di non arbitraggio, vale la seguente Parità Put-Call per opzioni europee scritte sullo stesso sottostante che paga dividendi discreti:

$$C_0 - P_0 = S_0 - D - Ee^{-rT},$$

dove D è il valore attuale dei dividendi pagati fino alla data di scadenza T delle opzioni.

(a) Si costruisca un'opportunità di arbitraggio nel caso in cui $C_0 = P_0 + S_0 - Ee^{-rT}$ quando il valore attuale dei dividendi è strettamente positivo $(D > 0)$.

(b) Si mostri che, sotto le ipotesi di non arbitraggio, non è possibile che $C_0 > S_0 - D$.

Svolgimento

1. Dalle due proprietà su C_0 e P_0 ricordate sopra si ricava immediatamente che

$$C_0 - Ee^{-rT} \leq C_0 - P_0 \leq S_0 - P_0.$$

Siccome $C_0, P_0 \geq 0$ (lo verificheremo tra un attimo), deduciamo che

$$-Ee^{-rT} \leq C_0 - Ee^{-rT} \leq C_0 - P_0 \leq S_0 - P_0 \leq S_0,$$

ovvero la tesi.

Verifichiamo ora che $C_0, P_0 \geq 0$.

Supponiamo per assurdo che $C_0 < 0$ e mettiamo in atto la seguente strategia:

$t = 0$		$t = T$
acquistiamo la Call		
$\Rightarrow \quad -C_0 > 0$		$(S_T - E)^+$
investiamo $(-C_0)$ al tasso r		
$\Rightarrow \quad +C_0$		$-C_0 e^{rT} > 0$
$-C_0 + C_0 = 0$		$(S_T - E)^+ - C_0 e^{rT} > 0$

Si deduce quindi che se valesse $C_0 < 0$ allora esisterebbero opportunità di arbitraggio (ad esempio quella appena vista). Sotto l'ipotesi di assenza di arbitraggio si perverrebbe allora ad un assurdo, quindi deduciamo che $C_0 \geq 0$.

In modo analogo si dimostra che $P_0 \geq 0$.

(a) Supponiamo ora che $C_0 > P_0 + S_0$.

    In questo caso esiste sicuramente un'opportunità di arbitraggio, ad esempio la seguente.

$t = 0$	$t = T$
vendiamo una Call	
$\Rightarrow \quad +C_0$	$-(S_T - E)^+$
acquistiamo un'azione e una Put	
$\Rightarrow \quad -S_0 - P_0$	$S_T + (E - S_T)^+$
investiamo $(C_0 - S_0 - P_0)$	
$\Rightarrow \quad -(C_0 - S_0 - P_0)$	$(C_0 - S_0 - P_0)\, e^{rT}$
$C_0 - S_0 - P_0 - (C_0 - S_0 - P_0) = 0$	$E + (C_0 - S_0 - P_0)\, e^{rT} > 0$

(b) Supponiamo ora che $C_0 - P_0 < -Ee^{-rT}$. Di conseguenza: $C_0 - P_0 < 0$.

    Consideriamo la seguente strategia che mostreremo essere un'opportunità di arbitraggio.

$t = 0$	$t = T$
vendiamo la Put	
$\Rightarrow \quad +P_0$	$-(E - S_T)^+$
acquistiamo la Call	
$\Rightarrow \quad -C_0$	$(S_T - E)^+$
investiamo $(P_0 - C_0)$	
$\Rightarrow \quad -(P_0 - C_0)$	$(P_0 - C_0)\, e^{rT}$
$P_0 - C_0 - (P_0 - C_0) = 0$	$S_T - E + (P_0 - C_0)\, e^{rT} > S_T > 0$

2. Si osservi innanzitutto che la Parità Put-Call (nel caso di dividendi discreti) del testo dell'esercizio può essere riscritta come

$$C_0 + D = S_0 + P_0 - Ee^{-rT}.$$

(a) È quindi chiaro che se valesse $C_0 = P_0 + S_0 - Ee^{-rT}$ quando $D > 0$, allora dovrebbe esistere necessariamente un'opportunità di arbitraggio.

Supponiamo infatti che $C_0 = P_0 + S_0 - Ee^{-rT}$ e consideriamo il seguente portafoglio alla data iniziale e alla data T di maturità delle due opzioni:

Portafoglio:

- acquistiamo un'azione
- acquistiamo una Put su tale azione
- vendiamo una Call
- prendiamo in prestito Ee^{-rT}

Si ha quindi che il valore V_0 di tale portafoglio al tempo $t = 0$ è pari a

$$V_0 = -S_0 - P_0 + C_0 + Ee^{-rT} = 0,$$

mentre il valore V_T del portafoglio alla data di scadenza T delle due opzioni è pari a

$$V_T = S_T + De^{rT} + (E - S_T)^+ - (S_T - E)^+ - E = De^{rT} > 0.$$

Di conseguenza il portafoglio costruito sopra rappresenta un'opportunità di arbitraggio.

(b) Si supponga ora che $C_0 > S_0 - D$.

La seguente strategia costituisce un'opportunità di arbitraggio.

	$t = 0$		$t = T$
vendiamo la Call $\Rightarrow \quad +C_0$			$-(S_T - E)^+$
acquistiamo un'azione sottostante $\Rightarrow \quad -S_0$			$S_T + De^{rT}$
investiamo / prendiamo in prestito $(C_0 - S_0)$ $\Rightarrow \quad -(C_0 - S_0)$			$(C_0 - S_0)\,e^{rT}$
$C_0 - S_0 - (C_0 - S_0) = 0$			$-(S_T - E)^+ + S_T + De^{rT} + (C_0 - S_0)\,e^{rT}$

Vale infatti che il valore iniziale di tale strategia è nullo, mentre quello finale

$$V_T = -(S_T - E)^+ + S_T + De^{rT} + (C_0 - S_0)\, e^{rT} =$$
$$= \min\{S_T; E\} + (C_0 - S_0 + D)\, e^{rT} \geq$$
$$\geq (C_0 - S_0 + D)\, e^{rT} > 0,$$

dove l'ultima disuguaglianza è dovuta all'ipotesi iniziale $(C_0 > S_0 - D)$.

Esercizio 4.2

Si consideri un'azione che non paga dividendi ed il cui prezzo evolve come nel modello di Black-Scholes con drift μ annuo del 10%, volatilità σ annua del 40% e prezzo corrente $S_0 = 16$ euro.

1. (a) Si calcoli il prezzo iniziale di un'opzione Call europea scritta su tale sottostante azionario quando lo strike è pari a $E = 18$ euro, il tasso d'interesse annuo r al 4% e la maturità $T = 1$ anno.

   (b) Quanto vale il prezzo della Put corrispondente?

2. Si supponga che tra 6 mesi il prezzo dell'azione sottostante valga 16.4 euro. Sarebbe stato più conveniente oppure no aspettare 6 mesi ad acquistare l'opzione Call del punto 1. ed investire (a tasso risk-free) quanto avremmo speso per l'acquisto della Call alla data iniziale iniziale?

   E nel caso in cui tra 6 mesi il prezzo dell'azione sottostante valesse 19.2 euro?

3. Avremmo potuto stabilire a priori alcune limitazioni sui prezzi iniziali della Call e della Put? Controllare che tali limitazioni siano rispettate.

4. Si consideri la stessa opzione del punto 1. ma scritta su un sottostante con $S_0 = 16$ euro, volatilità σ annua del 40% e pagante un dividendo di 2 euro tra 4 mesi ed un dividendo di 4 euro tra 8 mesi.

   (a) Si calcoli il prezzo iniziale di questa nuova opzione. A quanto ammonta la differenza tra il prezzo dell'opzione del punto 1. e questa nuova opzione? È più alto il prezzo dell'opzione con sottostante con o senza dividendi?

   (b) In generale, è possibile che il prezzo dell'opzione con dividendi sia più alto di quella senza dividendi? Si motivi la risposta utilizzando argomenti di non arbitraggio.

Svolgimento

1. (a) Ricordiamo che la formula di Black-Scholes per opzioni europee Call su azioni che non pagano dividendi è la seguente:

$$C_0 = S_0 N(d_1) - E e^{-rT} N(d_2),$$

dove N è la funzione di ripartizione di una Normale standard e

$$d_1 = \frac{\ln(S_0/E) + \left(r + \frac{1}{2}\sigma^2\right)T}{\sigma\sqrt{T}};$$
$$d_2 = d_1 - \sigma\sqrt{T}.$$

Nel nostro caso si ha quindi che

$$d_1 = \frac{\ln(16/18) + \left(0.04 + \frac{1}{2}(0.4)^2\right)}{0.4} = 0.0055$$
$$d_2 = 0.0055 - 0.4 = -0.3945,$$

siccome $T = 1$ anno.

Il prezzo iniziale della Call europea di cui sopra è allora pari a

$$C_0 = 16 \cdot N(0.0055) - 18 \cdot e^{-0.04} \cdot N(-0.3945) = 2.04 \text{ euro.}$$

(b) Applicando la parità Put-Call (per opzioni europee scritte sulla stessa azione, senza dividendi, con stessa maturità e stesso strike) si ha che

$$P_0 = C_0 - S_0 + E e^{-rT} = 2.04 - 16 + 18 \cdot e^{-0.04} = 3.34 \text{ euro.}$$

Lo stesso risultato si sarebbe ottenuto applicando la formula di Black-Scholes per opzioni europee Put su azioni che non pagano dividendi, i.e.

$$P_0 = E e^{-rT} N(-d_2) - S_0 N(-d_1).$$

2. Calcoliamo il prezzo dell'opzione Call tra 6 mesi nel caso appunto in cui $S^{(1)}_{6mesi} = 16.4$ euro

$$d_1^{(1)} = \frac{\ln\left(S^{(1)}_{6mesi}/E\right) + \left(r + \frac{1}{2}\sigma^2\right)(T-t)}{\sigma\sqrt{T-t}} =$$
$$= \frac{\ln(16.4/18) + \left(0.04 + \frac{1}{2}(0.4)^2\right)\frac{1}{2}}{0.4 \cdot \sqrt{\frac{1}{2}}} = -0.117$$
$$d_2^{(1)} = d_1^{(1)} - 0.4 \cdot \sqrt{\frac{1}{2}} = -0.40$$

$$C_{6mesi}^{(1)} = 16.4 \cdot N\left(d_1^{(1)}\right) - 18 \cdot e^{-0.04 \cdot 0.5} N\left(d_2^{(1)}\right) = 1.356 \text{ euro.}$$

Sarebbe stato più conveniente aspettare 6 mesi ad acquistare l'opzione Call del punto 1. ed investire a tasso risk-free quanto avremmo speso per l'acquisto della Call alla data iniziale nel caso in cui

$$C_0 \cdot e^{r/2} > C_{6mesi}^{(1)}.$$

Siccome $C_0 \cdot e^{r/2} = 2.04 \cdot e^{0.04 \cdot 0.5} = 2.08 > C_{6mesi}^{(1)} = 1.356$, si deduce che sarebbe stato più conveniente aspettare 6 mesi prima di acquistare l'opzione.

Nel caso in cui $S_{6mesi}^{(2)} = 19.2$ euro e procedendo come sopra, si ottiene che

$$d_1^{(2)} = \frac{\ln(19.2/18) + \left(0.04 + \frac{1}{2}(0.4)^2\right)\frac{1}{2}}{0.4 \cdot \sqrt{\frac{1}{2}}} = 0.440$$

$$d_2^{(2)} = d_1^{(2)} - 0.4 \cdot \sqrt{\frac{1}{2}} = 0.157$$

$$C_{6mesi}^{(2)} = 19.2 \cdot N\left(d_1^{(2)}\right) - 18 \cdot e^{-0.04 \cdot 0.5} N\left(d_2^{(2)}\right) = 2.94.$$

Di conseguenza, siccome $C_0 \cdot e^{r/2} = 2.04 \cdot e^{0.04 \cdot 0.5} = 2.08 < C_{6mesi}^{(2)} = 2.94$, si deduce che non sarebbe stato conveniente aspettare 6 mesi prima di acquistare l'opzione.

3. È noto che per opzioni europee scritte su azioni che non pagano dividendi, vale quanto segue:

$$\begin{aligned} S_0 - Ee^{-rT} &\leq C_0 \leq S_0 \\ Ee^{-rT} - S_0 &\leq P_0 \leq Ee^{-rT} \end{aligned}$$

In questo caso, quindi, avremmo potuto dire immediatamente che

$$\begin{aligned} 0 &= \max\{-1.29; 0\} = \max\{S_0 - Ee^{-rT}; 0\} \leq C_0 \leq S_0 = 16 \\ 1.29 &= \max\{1.29; 0\} = \max\{Ee^{-rT} - S_0; 0\} \leq P_0 \leq Ee^{-rT} = 17.29 \end{aligned}$$

Limiti rispettati sia dal prezzo iniziale della Call che da quello della Put.

4. Consideriamo un sottostante azionario che paga un dividendo di 2 euro tra 4 mesi e di 4 euro tra 8 mesi.

   (a) Nel caso di opzioni europee con sottostanti azionari che pagano dividendi ricordiamo che la formula di Black-Scholes è la seguente:

$$\hat{C}_0 = (S_0 - D) N\left(\hat{d}_1\right) - Ee^{-rT} N\left(\hat{d}_2\right),$$

dove N è la funzione di ripartizione di una Normale standard e

$$\hat{d}_1 = \frac{\ln\left((S_0 - D)/E\right) + \left(r + \frac{1}{2}\sigma^2\right)T}{\sigma\sqrt{T}}$$

$$\hat{d}_2 = \hat{d}_1 - \sigma\sqrt{T}.$$

Si ottiene allora che

$$D = 2 \cdot e^{-0.04 \cdot \frac{4}{12}} + 4 \cdot e^{-0.04 \cdot \frac{8}{12}} = 5.87$$

$$\hat{d}_1 = \frac{\ln\left((16 - 5.87)/18\right) + \left(0.04 + \frac{1}{2}(0.4)^2\right)}{0.4} = -1.137$$

$$\hat{d}_2 = -1.137 - 0.4 = -1.537$$

Il prezzo iniziale di questa nuova opzione Call è allora pari a

$$\hat{C}_0 = (16 - 5.87) \cdot N(-1.137) - 18 \cdot e^{-0.04} N(-1.537) = 0.22 \text{ euro.}$$

Di conseguenza, è più alto il prezzo della Call "senza dividendi". Più precisamente, vale che $C_0 - \hat{C}_0 = 2.04 - 0.22 = 1.82$ euro.

(b) In generale non è possibile che $\hat{C}_0 > C_0$. Supponiamo infatti per assurdo che valga $\hat{C}_0 > C_0$ e consideriamo la seguente strategia, dove S_T indica il prezzo (alla data T) dell'azione che non paga dividendi:

$t = 0$	$t = T$
acquistiamo la Call senza dividendi	
$\Rightarrow \quad -C_0$	$(S_T - E)^+$
vendiamo la Call con dividendi	
$\Rightarrow \quad +\hat{C}_0$	$-(S_T - De^{rT} - E)^+$
investiamo $\left(\hat{C}_0 - C_0\right)$	
$\Rightarrow \quad -\left(\hat{C}_0 - C_0\right)$	$\left(\hat{C}_0 - C_0\right)e^{rT}$
$\hat{C}_0 - C_0 - \left(\hat{C}_0 - C_0\right) = 0$	V_T

Siccome $\left(S_T - De^{rT} - E\right)^+ \leq (S_T - E)^+$, deduciamo che il valore finale V_T della strategia considerata è

$$V_T = -\left(S_T - De^{rT} - E\right)^+ + (S_T - E)^+ + \left(\hat{C}_0 - C_0\right)e^{rT}$$

$$\geq \left(\hat{C}_0 - C_0\right)e^{rT} > 0$$

Se valesse $\hat{C}_0 > C_0$, allora esisterebbe sicuramente una strategia di arbitraggio (quella appena costruita). Sotto l'ipotesi di non arbitraggio vale allora necessariamente che $\hat{C}_0 \leq C_0$.

Esercizio 4.3

Si considerino la stessa azione (A)- che paga dividendi discreti- e la Call europea scritta su di essa del punto 4. dell'esercizio precedente.

Si consideri un tasso d'interesse r annuo del 4%.

1. Si determini un tasso di dividendo (dividendo continuo) tale per cui il prezzo della Call scritta sull'azione A con dividendi discreti coincida con il prezzo di una Call di strike 18 euro, maturità un anno e scritta su un'azione (B) con gli stessi parametri dell'azione A ma con dividendi continui.

2. Si calcoli il valore attuale dei dividendi pagati dall'azione B.

Svolgimento

1. Dall'esercizio precedente sappiamo che il prezzo della Call scritta sull'azione A con dividendi discreti, di strike 18 euro e maturità un anno è $\hat{C}_0 = 0.22$ euro.

   Ricordiamo che il prezzo della Call di strike 18 euro, maturità un anno e scritta sull'azione B (con dividendi continui) è pari a

$$C_0^{D_0} = S_0 e^{-D_0 T} N(d_1') - E e^{-rT} N(d_2'),$$

dove

$$d_1' = \frac{\ln(S_0/E) + (r - D_0 + \frac{\sigma^2}{2})T}{\sigma\sqrt{T}}$$

$$d_2' = \frac{\ln(S_0/E) + (r - D_0 - \frac{\sigma^2}{2})T}{\sigma\sqrt{T}}.$$

Di conseguenza:

$$C_0^{D_0} = 16 \cdot e^{-D_0} \cdot N\left(\frac{\ln(16/18) + 0.12 - D_0}{0.4}\right)$$

$$-18 \cdot e^{-0.04} \cdot N\left(\frac{\ln(16/18) - 0.04 - D_0}{0.4}\right).$$

Dobbiamo quindi determinare un tasso di dividendo D_0 tale per cui

$$C_0^{D_0} = \hat{C}_0 = 0.22 \text{ euro.}$$

Numericamente, osserviamo che

				$C_0^{D_0}$
$D_0 = 0.1$				1.3505
$D_0 = 0.2$				0.8586
$D_0 = 0.3$				0.5232
$D_0 = 0.4$				0.3050
	$D_0 = 0.45$			0.2289
		$D_0 = 0.454$		0.2236
			$\mathbf{D_0 = 0.4567}$	**0.2200**
		$D_0 = 0.457$		0.2196
	$D_0 = 0.46$			0.2158
$D_0 = 0.5$				0.1697

Possiamo allora concludere che il tasso di dividendo continuo "implicito" cercato è $D_0 \cong 0.4567$.

2. Dal momento che il prezzo dell'azione B evolve come

$$S_t = S_0 \cdot \exp\left\{ \left(r - D_0 - \frac{1}{2}\sigma^2 \right) t + \sigma W_t \right\},$$

si deduce che il valore attuale dei dividendi pagati dall'azione B è pari a

$$D^* = S_0 \left(1 - e^{-D_0 T} \right) = 16 \cdot \left(1 - e^{-0.4567} \right) = 5.866 \text{ euro}$$

Come era ovvio aspettarsi, D^* è all'incirca pari al valore attuale dei dividendi $D = 5.87$ pagati dall'azione A (si veda l'esercizio precedente).

Esercizio 4.4

Si consideri un'azione il cui prezzo evolve come nel modello di Black-Scholes con volatilità $\sigma = 0.32$ (annua) e con $S_0 = 30$ euro. Tale azione paga un dividendo di un euro tra 3 mesi ed un dividendo di un euro tra 9 mesi. Il tasso di interesse risk-free è pari al 4% annuo.

1. Si calcoli il prezzo di una Call europea di maturità un anno e di strike 25 euro scritta sull'azione di cui sopra.

2. Quanto costerebbe la Put europea corrispondente?

3. Cambierebbe qualcosa se il tasso d'interesse variasse dal 4% al 2% annuo? Su quali fattori inciderebbe tale cambiamento?

4. Si consideri il tasso di interesse risk-free pari al 4% annuo. Se nel punto 1. S_0 venisse "aggiustato" in base al valore attuale dei dividendi, i.e. ottenuto detraendo il valore attuale dei dividendi, quanto dovrebbe valere tale nuovo prezzo?

5. Si confronti il prezzo della Call del punto 1. con una Call di strike 25 euro, scadenza un anno scritta su un'azione che non paga dividendi, di volatilità $\sigma = 0.32$ (annua) ed il cui prezzo corrente sia pari a quello trovato nel punto 4.

Svolgimento

1. Sia D il valore attuale dei dividendi dell'azione. Si ottiene quindi che

$$D = 1 \cdot e^{-0.04 \cdot \frac{3}{12}} + 1 \cdot e^{-0.04 \cdot \frac{9}{12}} = 1.96 \text{ euro,}$$

siccome il tasso $r = 0.04$ è su base annua.

Ricordiamo che la formula di Black-Scholes per opzioni europee scritte su sottostanti azionari con dividendi discreti è data da

$$C_0 = \hat{S}_0 \cdot N\left(\hat{d}_1\right) - Ee^{-rT} \cdot N\left(\hat{d}_2\right),$$

dove $\hat{S}_0 = S_0 - D$ e

$$\hat{d}_1 = \frac{\ln\left(\hat{S}_0/E\right) + \left(r + \frac{1}{2}\sigma^2\right)T}{\sigma\sqrt{T}}$$

$$\hat{d}_2 = \hat{d}_1 - \sigma\sqrt{T}.$$

Con i dati del problema si ottiene quindi che

$$\hat{d}_1 = \frac{0.206}{0.32} = 0.644$$

$$\hat{d}_2 = \hat{d}_1 - 0.32 = 0.324$$

Di conseguenza:

$$\begin{aligned}
C_0 &= 28.04 \cdot N(0.644) - 25 \cdot e^{-0.04} \cdot N(0.324) = \\
&= 28.04 \cdot 0.74 - 24.02 \cdot 0.627 = 5.69 \text{ euro.}
\end{aligned}$$

2. Dalla Parità Put-Call su azioni che pagano dividendi si ottiene che

$$\begin{aligned}
P_0 &= C_0 - S_0 + D + Ee^{-rT} = \\
&= 5.69 - 30 + 1.96 + 24.02 = 1.67 \text{ euro.}
\end{aligned}$$

3. Il cambiamento di tasso d'interesse incide sul valore attuale dei dividendi e dello strike oltre che sulle variabili d_1 e d_2 della formula di Black-Scholes. Con un tasso d'interesse $r^* = 0.02$ si avrebbe quanto segue.

Il nuovo valore attuale D^* dei dividendi dell'azione sarebbe pari a

$$D^* = 1 \cdot e^{-0.02 \cdot \frac{3}{12}} + 1 \cdot e^{-0.02 \cdot \frac{9}{12}} = 1.98.$$

Si otterrebbe inoltre che

$$d_1^* = \frac{\ln\left((S_0 - D^*)/E\right) + \left(r^* + \frac{1}{2}\sigma^2\right)T}{\sigma\sqrt{T}} = 0.579$$

$$d_2^* = d_1^* - \sigma\sqrt{T} = 0.259$$

Di conseguenza

$$\begin{aligned} C_0^* &= (S_0 - D^*)\, N\left(d_1^*\right) - E e^{-r^* T} N\left(d_2^*\right) = \\ &= 28.02 \cdot N\left(0.579\right) - 25 \cdot e^{-0.02} \cdot N\left(0.259\right) = \\ &= 5.38 \text{ euro.} \end{aligned}$$

4. Nel caso in cui $r^* = 0.04$, il prezzo corrente dell'azione aggiustato con il valore attuale dei dividendi sarebbe pari a

$$\hat{S}_0 = S_0 - D = 28.04 \text{ euro.}$$

5. Il prezzo della Call sull'azione con dividendi del punto 1. è pari a 5.69 euro.

   Se volessimo calcolare ora il prezzo di un'opzione Call di scadenza un anno, strike 25 euro e sottostante azionario di volatilità $\sigma = 0.32$ (annua) e prezzo corrente $\hat{S}_0 = 28.04$ euro, troveremmo esattamente lo stesso prezzo della Call del punto 1.

Esercizio 4.5

Sul mercato sono presenti un'azione il cui prezzo corrente è $S_0 = 20$ euro ed alcune opzioni Call e Put europee scritte su tale sottostante azionario.
Siamo interessati a fare un investimento di orizzonte temporale un anno.

1. Il prezzo dell'azione in questione segue un modello lognormale. Più precisamente: $S_t = S_0 \exp\{\left(\mu - \frac{1}{2}\sigma^2\right)t + \sigma W_t\}$, con $S_0 = 20$, $\mu \in \mathbb{R}$ e $\sigma > 0$.

   Si considerino due opzioni Call europee (entrambe scritte sul sottostante azionario di cui sopra e di maturità $T = 1$ anno) di strikes

   $$\begin{aligned} E_1 &= 20 \text{ euro} \\ E_2 &= 40 \text{ euro} \end{aligned}$$

   e prezzi

   $$\begin{aligned} C_0^1 &= 6 \text{ euro} \\ C_0^2 &= 2 \text{ euro,} \end{aligned}$$

   rispettivamente.

Si determini una condizione su μ e $\sigma > 0$ tale per cui tra un anno il profitto derivante dal bear spread[1] costruito a partire dalle due opzioni precedenti sia non negativo con probabilità almeno pari al 50%.

1. Si confronti il profitto derivante dal bear spread con quello derivante dalla seguente strategia di investimento:

   - vendita di una Call di strike E_1 (lo strike minore)

   - vendita allo scoperto alla data iniziale di un'azione del sottostante e restituzione di tale azione a scadenza.

   Quale strategia è più conveniente se il prezzo del sottostante dovesse scendere a 16 euro? E se invece dovesse salire a 32 euro?

2. Sul mercato sono disponibili altre opzioni Call scritte sullo stesso sottostante di prima ma di strikes differenti (in particolare sono presenti "idealmente" opzioni di tutti gli strikes intermedi tra E_1 ed E_2). Su tale mercato (dove non è detto che non ci siano opportunità di arbitraggio) i loro prezzi decrescono linearmente da quella di strike $E_1 = 20$ a quella di strike $E^* = 28$ che costa $C^* = 4$ euro. E ancora i prezzi decrescono linearmente dall'opzione di strike E^* a quella di strike maggiore E_2.

   (a) A partire dalle opzioni di cui sopra si costruisca un "butterfly spread"[2] utilizzando necessariamente le Call di strikes E_1 e E_2.

      Quando è più conveniente utilizzare un butterfly spread rispetto alla strategia precedente (punto 2.)?

   (b) Ipotizzando che il valore dell'azione tra un anno sia distribuito come nel punto 1. e con $\mu = 0.24$ e $\sigma = 0.48$, si determini con quale probabilità è più conveniente utilizzare il butterfly spread rispetto al bear spread.

Svolgimento

1. Supponiamo che la dinamica del prezzo del sottostante abbia la seguente forma

$$S_T = S_0 \exp\left\{\left(\mu - \frac{1}{2}\sigma^2\right) T + \sigma W_T\right\}$$

   con $S_0 = 20$ e $T = 1$ anno.

---

[1]Ricordiamo innanzitutto che uno <u>spread</u> è una strategia di investimento costruita a partire da 2 o più opzioni dello stesso tipo, ovvero tutte Call o tutte Put Europee scritte sullo stesso sottostante.

   Tra gli spread, poi, il cosiddetto "bear spread" si mette in atto quando ci si aspetta che il prezzo dell'azione sottostante scenda. Per opzioni Call, un bear spread si costruisce vendendo l'opzione Call di strike minore e acquistando l'opzione Call di strike maggiore.

[2]Ricordiamo che il cosiddetto "butterfly spread" si mette in atto quando ci si aspetta che il prezzo dell'azione rimanga più o meno stabile. Un butterfly spread per opzioni Call si ottiene con l'acquisto di una Call di strike minore; l'acquisto di una Call di strike maggiore; e la vendita di due Call di strike intermedio.

Vogliamo determinare una condizione su μ e σ tale per cui tra un anno il profitto derivante dal bear spread sia non negativo con probabilità almeno pari al 50%, ovvero μ e σ tali per cui

$$P\left(\{\text{profitto del bear spread } \geq 0\}\right) \geq 0.5 \qquad (4.29)$$

Dobbiamo quindi determinare la variabile aleatoria che rappresenta il profitto derivante dal bear spread.

Ricordiamo che, per opzioni Call, un bear spread si costruisce:

(A) vendendo l'opzione Call di strike minore (in questo caso E_1)

(B) acquistando l'opzione Call di strike maggiore (in questo caso E_2)

Il payoff di un bear spread è dato allora da:

	(A)	(B)	Payoff totale
se $S_T \leq E_1$	0	0	0
se $E_1 < S_T \leq E_2$	$-(S_T - E_1)$	0	$E_1 - S_T$
se $S_T > E_2$	$-(S_T - E_1)$	$S_T - E_2$	$E_1 - E_2$

dove la tabella precedente è ottenuta ricordando che il payoff di un'opzione Call è $(S_T - E)^+$ per il compratore della Call, mentre $-(S_T - E)^+$ per il venditore della Call. Di conseguenza, la tabella dei profitti (ottenuta dalla precedente tenendo conto tuttavia dei costi delle Call) è data da

	Profitto totale
se $S_T \leq 20$	$C_0^1 - C_0^2 = 4$
se $20 < S_T \leq 40$	$E_1 - S_T + C_0^1 - C_0^2 = 24 - S_T$
se $S_T > 40$	$E_1 - E_2 + C_0^1 - C_0^2 = -16$

1. Si veda la Figura 4.1 per il grafico del profitto del bear spread in funzione del valore del sottostante.

La condizione (4.29) si può allora riscrivere come

$$0.5 \leq P\left(\{\text{profitto } \geq 0\}\right) = P\left(\{0 \leq S_T \leq 20\} \cup \{20 < S_T \leq 40; 24 - S_T \geq 0\}\right).$$

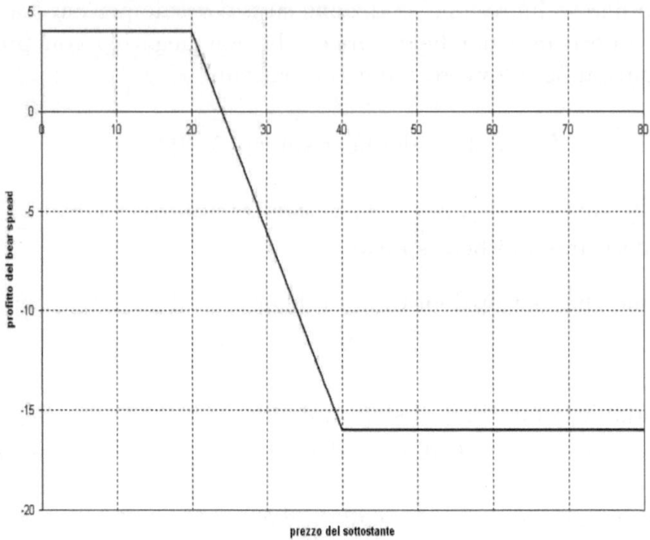

Figura 4.1: Grafico del profitto del bear spread.

Da quanto appena scritto e dalle ipotesi su S_T, si deduce che

$$
\begin{aligned}
P\left(\{\text{profitto } \geq 0\}\right) &= P\left(\{0 \leq S_T \leq 20\} \cup \{20 < S_T \leq 40; 24 - S_T \geq 0\}\right) = \\
&= P\left(0 \leq S_T \leq 20\right) + P\left(20 < S_T \leq 24\right) = \\
&= P\left(0 \leq S_T \leq 24\right) = \\
&= P\left(20 e^{\left(\mu - \frac{1}{2}\sigma^2\right)T + \sigma W_T} \leq 24\right) = \\
&= P\left(\left(\mu - \frac{1}{2}\sigma^2\right) + \sigma W_1 \leq \ln\left(\frac{24}{20}\right)\right) = \\
&= P\left(W_1 \leq \frac{\ln\left(1.2\right) - \left(\mu - \frac{1}{2}\sigma^2\right)}{\sigma}\right) \\
&= N\left(\frac{\ln\left(1.2\right) - \left(\mu - \frac{1}{2}\sigma^2\right)}{\sigma}\right),
\end{aligned}
$$

dal momento che la v.a. W_1 è distribuita come una Normale standard.

Siccome vogliamo determinare μ e σ tali che $N\left(\frac{\ln(1.2) - \left(\mu - \frac{1}{2}\sigma^2\right)}{\sigma}\right) \geq 0.5$, deve valere necessariamente che

$$
\frac{\ln\left(1.2\right) - \left(\mu - \frac{1}{2}\sigma^2\right)}{\sigma} \geq 0.
$$

La condizione su μ e σ (> 0) risulta allora essere

$$\mu - \frac{1}{2}\sigma^2 \;\leq\; \ln(1.2)$$

$$\mu \;\leq\; \frac{1}{2}\sigma^2 + \ln(1.2)$$

2. Vogliamo ora confrontare il profitto derivante dal bear spread con quello derivante dalla seguente strategia di investimento:

   - vendita di una Call di strike E_1 (lo strike minore)

   - vendita allo scoperto alla data iniziale di un'azione del sottostante e restituzione di tale azione a scadenza.

Per tale strategia la tabella del profitto a scadenza è la seguente

	profitto Call	profitto azione	Profitto totale
se $S_T \leq E_1$	C_0^1	$S_0 - S_T$	$26 - S_T$
se $S_T > E_1$	$C_0^1 - (S_T - E_1)$	$S_0 - S_T$	$46 - 2S_T$

Il confronto tra la strategia appena considerata e quella del bear spread è particolarmente evidente dal grafico dei loro profitti (si veda la figura 4.2).

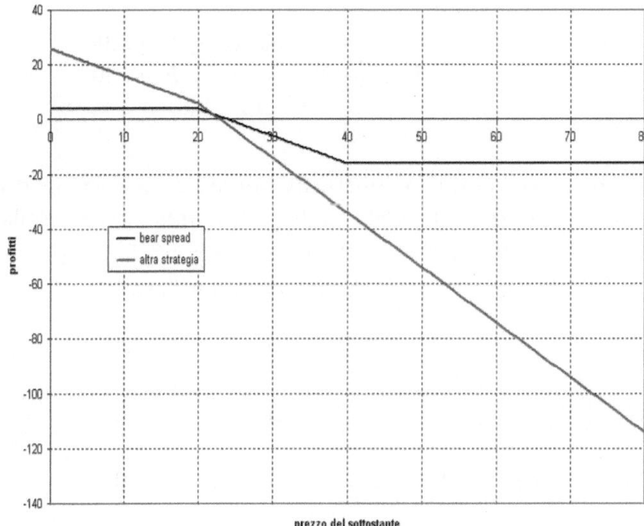

Figura 4.2: Confronto dei profitti di un bear spread e della nostra strategia.

Si può notare quindi che la "nostra strategia" è molto conveniente quando il prezzo dell'azione scende molto, ma in compenso è molto rischiosa e può anche portare a grandi perdite quando il prezzo dell'azione sale.

Se il prezzo dell'azione dovesse scendere a 16 euro, con la strategia appena considerata avremmo un profitto totale di 10 euro mentre con il bear spread un profitto di 4 euro. Sarebbe quindi più conveniente la prima strategia.

Se invece il prezzo salisse a 32 euro, con la prima strategia avremmo una perdita totale di 18 euro mentre con il bear spread una perdita di 8 euro. Sarebbe allora meno sconveniente il bear spread.

3. Ricordiamo innanzitutto che il cosiddetto "butterfly spread" si mette in atto quando ci si aspetta che il prezzo dell'azione rimanga più o meno stabile. Inoltre, un butterfly spread per opzioni Call è dato dalla seguente strategia:

    (A) acquisto di una Call di strike minore (in questo caso E_1)

    (B) acquisto di una Call di strike maggiore (in questo caso E_2)

    (C) vendita di 2 Call di strike intermedio (più precisamente: di strike $E_3 = \frac{E_1+E_2}{2}$).

    (a) Incominciamo a determinare i prezzi di opzioni Call di strike intermedio tra E_1 ed E_2. Dai dati del problema otteniamo che tali prezzi valgono quanto segue:

$$C_0^i = \begin{cases} 6 - \frac{E_i-20}{4}; & \text{se } 20 \leq E_i \leq 28 \\ 4 - \frac{E_i-28}{6}; & \text{se } 28 \leq E_i \leq 40 \end{cases}$$

In questo caso, quindi, il butterfly spread sarà costituito come ricordato sopra, dove le Call in (C) dovranno avere strike pari a $E_3 = \frac{E_1+E_2}{2} = 30$ e prezzo pari a $C_0^3 = 4 - \frac{30-28}{6} = \frac{11}{3}$.

La tabella dei payoff del butterfly spread è data quindi da

	(A)	(B)	(C)	Payoff tot
$S_T \leq E_1$	0	0	0	0
$E_1 < S_T \leq E_3$	$S_T - E_1$	0	0	$S_T - E_1$
$E_3 < S_T \leq E_2$	$S_T - E_1$	0	$-2(S_T - E_3)$	$E_2 - S_T$
$S_T > E_2$	$S_T - E_1$	$S_T - E_2$	$-2(S_T - E_3)$	0

La tabella dei profitti si ottiene invece dalla precedente tenendo conto dei costi delle Call. Si ottiene quindi che

	Profitto totale
se $S_T \leq 20$	$2C_0^3 - C_0^1 - C_0^2 = -\frac{2}{3}$
se $20 < S_T \leq 30$	$S_T - E_1 + 2C_0^3 - C_0^1 - C_0^2 = S_T - \frac{62}{3}$
se $30 < S_T \leq 40$	$E_2 - S_T + 2C_0^3 - C_0^1 - C_0^2 = \frac{118}{3} - S_T$
se $S_T > 40$	$2C_0^3 - C_0^1 - C_0^2 = -\frac{2}{3}$

Come si può notare confrontando i profitti della strategia di cui al punto 2. con i profitti del butterfly spread, quest'ultima strategia è conveniente quando il prezzo del sottostante rimane intorno allo strike intermedio, mentre invece non è conveniente rispetto alla strategia del punto 2. quando il prezzo del sottostante scende al di sotto di 20 euro. Per crescite del valore del sottostante, tuttavia, torna ad essere conveniente il butterfly spread rispetto alla "nostra strategia", essendo nel primo caso le perdite limitate.

(b) Per determinare con quale probabilità è più conveniente utilizzare un butterfly spread rispetto ad un bear spread, dobbiamo confrontare la tabella dei profitti del butterfly (si veda il grafico in figura 4.3) e quella del bear spread.

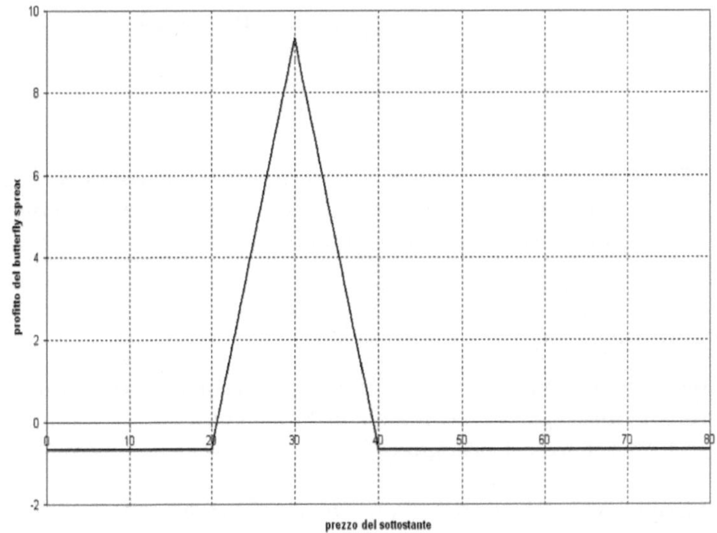

Figura 4.3: Grafico del profitto di un butterfly spread.

Si vede immediatamente che quando $S_T \leq 20$ i profitti derivanti dal bear sono maggiori di quelli derivanti dal butterfly. Viceversa, quando $S_T \geq 40$ i profitti derivanti dal butterfly sono maggiori di quelli derivanti dal bear. Per $20 < S_T < 40$ vale che il profitto del bear è pari a $24 - S_T$ mentre quello del butterfly pari a $S_T - \frac{62}{3}$ per $20 < S_T < 30$ e $\frac{118}{3} - S_T$ per $30 \leq S_T < 40$.

Si deduce allora facilmente che

per $S_T \leq 20$:	è più conveniente il bear
per $20 < S_T < \frac{67}{3}$:	è più conveniente il bear
per $S_T = \frac{67}{3}$:	è indifferente
per $\frac{67}{3} < S_T < 40$:	è più conveniente il butterfly
per $S_T \geq 40$:	è più conveniente il butterfly

Di conseguenza, la probabilità che sia più conveniente utilizzare un butterfly spread rispetto ad un bear spread è pari a

$$
\begin{aligned}
P\left(S_T > \frac{67}{3}\right) &= P\left(S_0 \exp\left\{\left(\mu - \frac{1}{2}\sigma^2\right)T + \sigma W_T\right\} > \frac{67}{3}\right) = \\
&= P\left(\left(\mu - \frac{1}{2}\sigma^2\right)T + \sigma W_T > \ln\left(\frac{67}{3S_0}\right)\right) = \\
&= P\left(W_T > \frac{\ln\left(67/60\right) - \left(0.24 - \frac{1}{2}(0.48)^2\right)}{0.48}\right) = \\
&= 1 - N\left(\frac{\ln\left(67/60\right) - \left(0.24 - \frac{1}{2}(0.48)^2\right)}{0.48}\right) = \\
&= 0.512.
\end{aligned}
$$

Si osservi che $\mu = 0.24$ e $\sigma = 0.48$ rispettano la condizione del punto 1. e pertanto il profitto derivante dal bear spread è non negativo con probabilità almeno pari al 50%.

Esercizio 4.6

Abbiamo appena venduto un'opzione Call europea su un'azione "XYZ" il cui prezzo segue una legge lognormale con $S_0 = 8$ euro, $E_1 = 8$ euro, $\mu = 20\%$ annuo, $\sigma = 40\%$ annuo, $r = 4\%$ annuo e $T = 1$ anno.

1. (a) Dopo aver calcolato il Delta di tale opzione (Δ_1), si determini il numero (o la frazione) di azioni "XYZ" da acquistare/vendere per rendere Delta-neutrale tale posizione corta (di vendita) dell'opzione Call di cui sopra.

   (b) E se avessimo una Put invece di una Call, che cosa cambierebbe ?

   (c) Si determini con quale probabilità il venditore della Call avrà una perdita netta dal portafoglio Delta-neutrale costruito nel punto (a).

2. Se la Call del punto 1.(a) avesse scadenza $T^* = 2$ anni invece che $T = 1$ anno, come potremmo rendere Delta-neutrale una posizione corta in tale opzione Call?

3. Supponiamo ora che sul mercato sia disponibile anche un'altra opzione Call sullo stesso sottostante di prima ma con strike $E_2 = 12$ euro.

   (a) Calcolare Delta e Gamma (Δ_2 e Γ_2) di questa nuova opzione.

   (b) Come potremmo rendere Delta e Gamma-neutrale il portafoglio in cui vendiamo la prima Call? Sarebbe possibile dover vendere questa seconda Call? Si motivi la risposta.

   (c) Abbiamo una posizione corta nella Call del punto 1. Siamo interessati a rendere Gamma-neutrale tale portafoglio e ad avere un Delta non superiore in valore assoluto ad 1. Come possiamo fare? Quante unità del sottostante possiamo acquistare al massimo?

4. È possibile rendere Delta, Gamma e Vega-neutrale il portafoglio costituito da una posizione corta nella Call (del punto 1.) e due posizioni lunghe nella Put (del punto 1.), disponendo di una terza opzione Call scritta sullo stesso sottostante ma di strike $E_3 = 6$ euro? In caso affermativo, si spieghi come si potrebbe fare.

Svolgimento

Ricordiamo innanzitutto che:

- fissato un certo istante di tempo t, con Δ di un'opzione si intende $\Delta = \Delta_t = \frac{\partial F}{\partial S}(S_t, t)$, dove $F(S_t, t)$ indica il prezzo al tempo t dell'opzione di sottostante S;

- il Delta del sottostante ($\Delta_{\text{sottostante}}$) è pari a 1;

- si dice che un portafoglio è Delta-neutrale se il Delta totale del portafoglio è nullo;

- per opzioni europee scritte su un sottostante azionario che non paga dividendi vale che

$$\begin{aligned} \Delta_{Call} &= N(d_1) > 0, \\ \Delta_{Put} &= N(d_1) - 1 < 0. \end{aligned}$$

1. (a) Grazie a quanto appena ricordato, otteniamo immediatamente che

$$\Delta_1 \;=\; N\left(d_1\right) = N\left(\frac{\ln\left(S_0/E_1\right) + \left(r + \frac{1}{2}\sigma^2\right)T}{\sigma\sqrt{T}}\right)$$

$$=\; N\left(\frac{\ln\left(1\right) + \left(0.04 + \frac{1}{2}\left(0.4\right)^2\right)}{0.4}\right) = N\left(0.3\right) = 0.618$$

Dal momento che vogliamo rendere Delta-neutrale la posizione corta nella Call, dobbiamo determinare un numero x di azioni del sottostante da acquistare (se $x > 0$) o da vendere (se $x < 0$) che renda il portafoglio azioni-opzioni Delta-neutrale, ovvero tale che

$$-1 \cdot \Delta_1 + x \cdot \Delta_{\text{sottostante}} = 0,$$

dove il segno "-" è dovuto al fatto che la posizione nell'opzione è corta.

Siccome $\Delta_{\text{sottostante}} = 1$, x deve allora risolvere

$$-0.618 + x = 0.$$

Di conseguenza: $x = 0.618$. In conclusione: per rendere Delta-neutrale la posizione corta nell'opzione Call dobbiamo acquistare 0.618 azioni del sottostante.

(b) Supponiamo di dover "coprire" una Put invece di una Call. Per rendere Delta-neutrale la posizione corta nella Put dobbiamo determinare un numero x di azioni del sottostante dell'opzione da acquistare (se $x > 0$) o da vendere (se $x < 0$) tale che

$$
\begin{aligned}
-1 \cdot \Delta_{1,Put} + x \cdot \Delta_{\text{sottostante}} &= 0 \\
-\left(-0.382\right) + x &= 0 \\
x &= -0.382
\end{aligned}
$$

Dal momento che $\Delta_{1,Put} = \Delta_{1,Call} - 1 = 0.618 - 1 = -0.382$, per rendere Delta-neutrale il portafoglio di cui sopra dovremmo vendere 0.382 azioni del sottostante.

(c) Vogliamo calcolare con quale probabilità il venditore della Call avrà una perdita netta dal portafoglio Delta-neutrale costruito nel punto (a), i.e. calcolare la seguente probabilità

$$P\left(C_0 - \left(S_T - E_1\right)^+ + x\left(S_T - S_0\right) \leq 0\right).$$

Calcoliamo innanzitutto il prezzo iniziale C_0 della Call. Dal punto (a) sappiamo già che $d_1 = 0.3$, quindi $d_2 = d_1 - \sigma\sqrt{T} = -0.1$ e

$$
\begin{aligned}
C_0 &= S_0 \cdot N\left(d_1\right) - E_1 e^{-rT} \cdot N\left(d_2\right) = \\
&= 8 \cdot N\left(0.3\right) - 8 \cdot e^{-0.04} \cdot N\left(-0.1\right) = 1.407 \text{ euro.}
\end{aligned}
$$

Ne segue che la probabilità richiesta è pari a

$$
\begin{aligned}
& P\left(C_0 - (S_T - E_1)^+ + x\,(S_T - S_0) \leq 0\right) \\
= \ & P\left(S_T \geq E_1; (1-x)\,S_T \geq C_0 + E_1 - xS_0\right) = \\
= \ & P\left(S_T \geq E_1; S_T \geq \frac{C_0 + E_1 - xS_0}{1-x}\right) = \\
= \ & P\left(S_T \geq \frac{C_0 + E_1 - xS_0}{1-x}\right) = \\
= \ & P\left(W_T \geq \frac{1}{\sigma}\left[\ln\left(\frac{C_0 + E_1 - xS_0}{1-x}\right) - \left(\mu - \frac{1}{2}\sigma^2\right)T\right]\right) = \\
= \ & 1 - N\left(\frac{1}{\sigma}\left[\ln\left(\frac{C_0 + E_1 - xS_0}{1-x}\right) - \left(\mu - \frac{1}{2}\sigma^2\right)\right]\right) \cong 0
\end{aligned}
$$

2. Se la Call del punto 1.(a) avesse scadenza $T^* = 2$ anni invece che $T = 1$ anno, il suo Delta sarebbe pari a

$$
\begin{aligned}
\Delta_1^{(T^*=2)} \ &= \ N\left(\frac{\ln\left(S_0/E_1\right) + \left(r + \frac{\sigma^2}{2}\right)T^*}{\sigma\sqrt{T^*}}\right) = \\
&= \ N\left(\frac{\ln\left(1\right) + \left(0.04 + \frac{1}{2}\left(0.4\right)^2\right)\cdot 2}{0.4\sqrt{2}}\right) = 0.664
\end{aligned}
$$

Si vede allora facilmente che per rendere Delta-neutrale la posizione corta nell'opzione Call di maturità $T^* = 2$ anni dobbiamo acquistare 0.664 azioni del sottostante.

3. Ricordiamo che:

   - il Γ del sottostante ($\Gamma_{\text{sottostante}}$) è nullo;
   - si dice che un portafoglio è Gamma-neutrale se il Gamma totale del portafoglio è nullo.

   Siccome il Γ del sottostante è nullo, per rendere Gamma-neutrale il portafoglio iniziale dovremo acquistare o vendere altre opzioni.

   (a) Iniziamo a calcolare Δ_2 e Γ_2, i.e. il Delta ed il Gamma della nuova opzione, oltre che Γ_1, i.e. il Gamma dell'opzione Call che stiamo vendendo.

   Per il calcolo di Δ_2 si procede esattamente come nel punto 1.

$$
\begin{aligned}
\Delta_2 \ &= \ N\left(d_1\right) = N\left(\frac{\ln\left(S_0/E_2\right) + \left(r + \frac{1}{2}\sigma^2\right)T}{\sigma\sqrt{T}}\right) \\
&= \ N\left(\frac{\ln\left(8/12\right) + \left(0.04 + \frac{1}{2}\left(0.4\right)^2\right)}{0.4}\right) = N\left(-0.71\right) = 0.238
\end{aligned}
$$

Per calcolare i Gamma, invece, ricordiamo che nell'ambito del modello di Black-Scholes per opzioni Call o Put europee vale che

$$\Gamma_{Call \,/\, Put} = \frac{\varphi\,(d_1)}{S_0\sigma\sqrt{T}}.$$

Quindi

$$
\begin{aligned}
\Gamma_1 &= \frac{1}{\sqrt{2\pi}\,S_0\sigma\sqrt{T}}e^{-\frac{d_1^2}{2}} = \frac{1}{\sqrt{2\pi}\cdot 8\cdot 0.4}e^{-\frac{0.09}{2}} = 0.12 \\
\Gamma_2 &= \frac{1}{\sqrt{2\pi}\,S_0\sigma\sqrt{T}}e^{-\frac{d_1^2}{2}} = \frac{1}{\sqrt{2\pi}\cdot 8\cdot 0.4}e^{-\frac{(-0.71)^2}{2}} = 0.097
\end{aligned}
$$

(b) Iniziamo a rendere Gamma-neutrale il portafoglio. Lo renderemo Delta-neutrale successivamente acquistando o vendendo azioni del sottostante. Si osservi che è necessario rispettare questo ordine perché rendendo Gamma-neutrale un portafoglio che inizialmente è Delta-neutrale potrebbe non essere più Delta-neutrale alla fine.

L'idea è allora quella di determinare un numero y di opzioni del secondo tipo da acquistare (se $y > 0$) o da vendere (se $y < 0$) che renda il portafoglio Gamma-neutrale, ovvero tale che

$$-1\cdot\Gamma_1 + y\cdot\Gamma_2 = 0, \tag{4.30}$$

dove il segno "-" è dovuto al fatto che la posizione nell'opzione Call iniziale è sempre corta.

Si ottiene allora che y deve risolvere

$$-0.12 + y\cdot 0.097 = 0.$$

Di conseguenza, $y = 1.237$. Per rendere Gamma-neutrale il portafoglio dovremo quindi acquistare 1.237 opzioni di strike E_2.

Siccome $\Gamma_1, \Gamma_2 > 0$ e y deve risolvere (4.30), si poteva concludere immediatamente che, per rendere Gamma-neutrale il portafoglio, era necessario assumere una posizione lunga nella seconda Call.

Per rendere ora Delta-neutrale tale portafoglio, dobbiamo determinare un numero x di azioni del sottostante da acquistare (se $x > 0$) o da vendere (se $x < 0$) che renda il portafoglio azioni - opzioni Delta-neutrale, i.e. tale che

$$
\begin{aligned}
-1\cdot\Delta_1 + 1.237\cdot\Delta_2 + x &= 0 \\
-0.618 + 1.237\cdot 0.238 + x &= 0.
\end{aligned}
$$

Si ottiene quindi che $x = 0.324$. In conclusione: per rendere Delta e Gamma-neutrale il portafoglio dobbiamo acquistare 1.237 opzioni Call di strike E_2 e acquistare 0.324 azioni del sottostante.

(c) Siccome il nostro obiettivo è quello di rendere Gamma-neutrale e con Delta non superiore in valore assoluto ad 1 il portafoglio formato da una posizione corta nella Call, dobbiamo determinare il numero y di opzioni Call del secondo tipo ed un numero x di azioni del sottostante che soddisfino le seguenti condizioni

$$\begin{cases} -1 \cdot \Gamma_1 + y \cdot \Gamma_2 = 0 \\ -1 \leq -1 \cdot \Delta_1 + y \cdot \Delta_2 + x \leq 1 \end{cases}$$

Si ottiene allora che

$$\begin{cases} y = 1.237 \\ -0.676 \leq x \leq 1.324 \end{cases}$$

Come era ragionevole aspettarsi, il numero di azioni da acquistare per rendere il portafoglio Delta-neutrale (trovato nel punto 1.(a) e pari a $x = 0.618$) appartiene all'intervallo sopra.

Si ha poi che il numero massimo di unità di sottostante che si possono acquistare per rispettare i vincoli precedenti è 1.

4. Vogliamo ora rendere Delta, Gamma e Vega-neutrale il portafoglio.

   Ricordiamo che:

   - il Vega del sottostante è nullo;

   - si dice che un portafoglio è Vega-neutrale se il Vega totale del portafoglio è nullo.

Iniziamo a rendere Gamma e Vega-neutrale il portafoglio e poi, acquistando o vendendo azioni del sottostante, lo renderemo Delta-neutrale.

L'idea è quella di determinare un numero y di opzioni del secondo tipo ed un numero z di opzioni del terzo tipo da acquistare o da vendere che rendano il portafoglio Gamma e Vega-neutrale.

Calcoliamo innanzitutto Δ, Γ e ν delle tre opzioni a nostra disposizione:

$$\begin{aligned} \Delta_3 &= N(d_1) = N\left(\frac{\ln(S_0/E_3) + \left(r + \frac{1}{2}\sigma^2\right)T}{\sigma\sqrt{T}}\right) \\ &= N\left(\frac{\ln(8/6) + \left(0.04 + \frac{1}{2}(0.4)^2\right)}{0.4}\right) = N(1.02) = 0.846 \end{aligned}$$

$$\Gamma_3 = \frac{1}{\sqrt{2\pi}S_0\sigma\sqrt{T}}e^{-\frac{d_1^2}{2}} = \frac{1}{\sqrt{2\pi}\cdot 8 \cdot 0.4}e^{-\frac{(1.02)^2}{2}} = 0.07$$

Siccome poi nell'ambito del modello di Black-Scholes per opzioni Call o Put europee vale che

$$\nu_{Call\,/\,Put} = S_0\sqrt{T}\varphi(d_1) = S_0^2\sigma T \cdot \Gamma_{Call\,/\,Put},$$

ricaviamo che

$$\begin{aligned}
\nu_1 &= 8^2 \cdot 0.4 \cdot \Gamma_1 = 3.072 \\
\nu_2 &= 8^2 \cdot 0.4 \cdot \Gamma_2 = 2.483 \\
\nu_3 &= 8^2 \cdot 0.4 \cdot \Gamma_3 = 1.792
\end{aligned}$$

Per rendere Gamma-neutrale e Vega-neutrale il portafoglio, il numero y di opzioni Call del secondo tipo ed il numero z di opzioni Call del terzo tipo devono risolvere il seguente sistema

$$\begin{cases} -\Gamma_{1,Call} + 2\Gamma_{1,Put} + y \cdot \Gamma_2 + z \cdot \Gamma_3 = 0 \\ -\nu_{1,Call} + 2\nu_{1,Put} + y \cdot \nu_2 + z \cdot \nu_3 = 0 \end{cases}$$

$$\begin{cases} \Gamma_1 + y \cdot \Gamma_2 + z \cdot \Gamma_3 = 0 \\ \nu_1 + y \cdot \nu_2 + z \cdot \nu_3 = 0 \end{cases}$$

$$\begin{cases} y = -1.24 \\ z = -0.000069 \end{cases} ,$$

essendo $\Gamma_{1,Call} = \Gamma_{1,Put}$ e $\nu_{1,Call} = \nu_{1,Put}$.

Per rendere ora Delta-neutrale tale portafoglio, dobbiamo determinare un numero x di azioni del sottostante da acquistare o da vendere che renda il portafoglio azioni - opzioni Delta-neutrale, i.e. tale che

$$-\Delta_{1,Call} + 2\Delta_{1,Put} + y \cdot \Delta_2 + z \cdot \Delta_3 + x = 0.$$

Si ottiene quindi che $x = 1.68$.

In conclusione: per rendere Delta, Gamma e Vega-neutrale il portafoglio dobbiamo:

- vendere 1.24 opzioni di strike E_2;

- vendere 0.000069 opzioni di strike E_3;

- acquistare 1.68 azioni del sottostante.

4.3   Esercizi proposti

Es. 4.7 Si consideri un'azione che paga i seguenti dividendi: un dividendo di 2 euro tra 3 mesi e di 3 euro tra 4 mesi. Si sa inoltre che il prezzo di tale azione è lognormale, il suo prezzo odierno è di 36 euro e la volatilità è $\sigma = 0.28$ annua.

(a) Si calcoli il valore attuale dei dividendi alla data iniziale, sapendo che il tasso di interesse risk-free $r = 6\%$ annuo.

(b) Si calcoli il prezzo di un'opzione Call di strike 32 euro e scadenza un anno scritta sull'azione di cui sopra. Si deduca il prezzo della Put corrispondente utilizzando la Parità Put-Call.

(c) La probabilità di esercitare la Call del punto (b) è maggiore, minore o uguale della probabilità di esercitare la Call in (b) scritta su un'azione con gli stessi parametri di quella della Call in (b) ma senza dividendi?

(d) È possibile scegliere drift, volatilità e prezzo iniziale di un'azione che non paga dividendi e con prezzo di legge lognormale in modo che il prezzo della Call di strike 32 euro e scadenza un anno scritta su tale azione sia pari a quello calcolato per la Call del punto (b)?

(e) Se i dividendi venissero pagati tra 4 e 8 mesi e la scadenza delle opzioni rimanesse invariata, i prezzi delle opzioni Call e Put del punto (b) rimarrebbero invariati oppure no?

(f) Se l'importo dei dividendi rimanesse invariato ma venissero scambiate le loro date di pagamento, i prezzi delle opzioni Call e Put del punto (b) rimarrebbero invariati oppure no?

Es. 4.8 Sappiamo che uno spread è una strategia di investimento che consiste nel prendere posizione in due o più opzioni dello stesso tipo. Mentre il butterfly spread viene utilizzato quando ci si aspetta che il valore del sottostante vari di poco, il bull spread viene utilizzato quando si spera che il valore dell'azione salga.

(a) A partire dalle seguenti 3 opzioni call con la stessa data di maturità e con:

<u>Call A:</u> strike 20 euro; prezzo 4 euro

<u>Call B:</u> strike 24 euro; prezzo 2 euro

<u>Call C:</u> strike 28 euro; prezzo 1 euro

si crei il butterfly spread.

A partire da due opzioni a scelta tra quelle del punto precedente, si costruisca un bull spread. In particolare: si dovrà acquistare la Call di strike minore (tra le due scelte) e vendere la Call di strike maggiore (tra le due scelte).

(b) Supponiamo ora che alla data di scadenza delle opzioni del punto precedente non avvenga quanto ci aspettavamo bensì accada che il valore dell'azione valga $S_T = 16$ euro.

(b1) Quanto perdiamo/guadagniamo con il butterfly spread e con il bull spread, rispettivamente, rispetto ad una strategia che consisteva solo nell'acquisto di una Put di strike 20 euro e prezzo 2 euro?

(b2) E rispetto ad un bear spread con le stesse opzioni di cui al punto (a)?

(c) Si supponga che il valore dell'azione sottostante alla data T abbia la seguente forma $S_T = S_0 \exp\left\{ \left(\mu - \frac{1}{2}\sigma^2\right) T + \sigma W_T \right\}$, con $\mu = 0.1$ (annuo), $\sigma = 0.4$ (annuo), $r = 0.02$ (annuo) e $T = 1$ anno.

(c1) Qual è la probabilità di perdere al massimo un euro con il bear, il bull o il butterfly spread?

(c2) Si calcolino la probabilità che i guadagni derivanti dal bear spread non siano inferiori a quelli del butterfly e la probabilità che le perdite derivanti dal bear spread non siano superiori a quelle del butterfly.
Esiste un qualche legame tra le probabilità appena calcolate?

(d) È possibile ottenere un risultato più soddisfacente con posizioni lunghe/corte nell'azione e nelle opzioni?

Es. 4.9 Abbiamo appena venduto un'opzione Call europea su un'azione "XYZ" il cui prezzo segue una legge lognormale con $S_0 = 8$ euro, $E_1 = 8$ euro, $\sigma = 40\%$ annuo, $r = 4\%$ annuo e $T = 1$ anno. Sulla stessa azione acquistiamo anche due opzioni Put europee con scadenza un anno ma strike $E_2 = 10$ euro.

(a) Dopo aver calcolato il Delta dell'opzione Call (Δ_1) e della Put (Δ_2), si determini il numero (o la frazione) di azioni "XYZ" da acquistare/vendere per rendere Delta-neutrale il portafoglio costituito da quattro posizioni corte nell'opzione Call e una posizione lunga nell'opzione Put.

(b) Supponiamo ora che sul mercato sia disponibile anche un'altra opzione Call sullo stesso sottostante di prima ma con strike $E_3 = 12$ euro.

(b1) Calcolare Delta e Gamma (Δ_3 e Γ_3) di questa nuova opzione.

(b2) Come potremmo rendere Delta e Gamma-neutrale il portafoglio in cui vendiamo la prima Call?

(b3) Che cosa cambierebbe nei punti (b1) e (b2) se al posto di una Call di strike E_3 avessimo una Put?

(c) È possibile rendere Delta, Gamma e Vega-neutrale il portafoglio complessivo disponendo di una terza opzione Put scritta sullo stesso sottostante e di strike $E_4 = 6$ euro? In caso affermativo, si spieghi come si potrebbe fare.

(c1) Sarebbe ancora possibile se dovessimo acquistare/vendere almeno un'unità di entrambe le opzioni di strike E_3 e E_4?

(c2) Sarebbe ancora possibile se dovessimo acquistare/vendere non più di un'unità di entrambe le opzioni di strike E_3 e E_4?

Capitolo 5

Equazioni alle derivate parziali in Finanza

5.1 Richiami di teoria

Sia u una funzione di più variabili (ad esempio $t, x_1, x_2, ..., x_n$ o, più semplicemente, t, x):

$$
\begin{aligned}
u: \quad & \mathbb{R}^+ \times \mathbb{R}^n && \to \mathbb{R} \\
& (t, x_1, x_2, ..., x_n) && \mapsto u\,(t, x_1, x_2, ..., x_n)
\end{aligned}
$$

Un'uguaglianza contenente una o più derivate parziali di u rispetto alle sue variabili indipendenti (e talvolta contenente la funzione stessa) viene detta *equazione alle derivate parziali*. Le funzioni che verificano l'equazione vengono dette *soluzioni*.

Il concetto di equazione alle derivate parziali generalizza in modo naturale la nozione di equazione differenziale ordinaria al caso in cui la funzione incognita dipenda da più di una variabile.

L'insieme delle soluzioni che soddisfano un'equazione alle derivate parziali viene detto *integrale generale* per l'equazione stessa, mentre viene detto *integrale particolare* una soluzione specifica che verifica alcune condizioni supplementari, le condizioni iniziali e/o al contorno.

Le equazioni alle derivate parziali costituiscono uno dei capitoli più ricchi e fecondi dell'Analisi Matematica. Data l'ampiezza del tema, in queste poche righe potremo solo esporre in maniera molto schematica le nozioni utili a comprendere e a risolvere gli esercizi che proporremo, rimandando il lettore interessato ai numerosi testi sull'argomento, in particolare a quello di Salsa [15] e al testo di Wilmott, Howison, Dewynne [16] per quanto riguarda le applicazioni più notevoli alla valutazione dei derivati.

Nelle nostre applicazioni limiteremo l'interesse alle equazioni alle derivate parziali per funzioni di due variabili *di tipo semilineare*, in cui cioè le derivate parziali di ordine più alto compaiono sempre con esponente 1.

Esiste una classificazione delle equazioni alle derivate parziali semilineari del secondo ordine in base ad alcune proprietà fondamentali. Nel caso particolare in cui ci siamo posti, cioè quello delle funzioni di due sole variabili, la classificazione può essere schematizzata nel modo seguente.

Supposto di aver eliminato, eventualmente con una trasformazione lineare delle variabili indipendenti, i termini con le derivate seconde miste, allora:

- se nell'equazione compaiono le derivate seconde rispetto ad entrambe le variabili ed esse compaiono con lo stesso segno, l'equazione viene detta *di tipo ellittico*;

- se nell'equazione compaiono le derivate seconde rispetto ad entrambe le variabili ed esse compaiono con segno opposto, l'equazione viene detta *di tipo iperbolico*;

- se compare la derivata seconda soltanto rispetto ad una variabile, mentre rispetto all'altra compare soltanto la derivata prima, l'equazione viene detta *di tipo parabolico*.

Per le equazioni di tipo parabolico viene introdotta una ulteriore distinzione a seconda che le due derivate di ordine più alto (la derivata seconda rispetto ad una variabile, la derivata prima rispetto all'altra) compaiano con lo stesso segno o con segno opposto. Nel primo caso l'equazione viene detta *parabolica all'indietro*, nel secondo *parabolica in avanti*.

Classificare un'equazione alle derivate parziali del tipo suddetto è fondamentale al fine di sapere quali condizioni supplementari abbia senso assegnare perché esista una soluzione. È possibile, per esempio, dimostrare che, in generale, il problema ai valori iniziali per un'equazione di tipo ellittico è mal posto, nel senso che la sua soluzione non è detto che esista, che sia unica e che dipenda con continuità dai dati.

Abbiamo già incontrato nel capitolo precedente l'equazione di Black-Scholes, che è il prototipo delle equazioni alle derivate parziali che si incontrano nelle applicazioni di tipo finanziario. In questo caso la funzione incognita dipende dalle due variabili S, t e l'equazione contiene le derivate prime rispetto a ciascuna delle due variabili, ma contiene la derivata seconda soltanto rispetto alla variabile S. Inoltre le derivate di ordine più alto rispetto alle due variabili (la derivata prima rispetto al tempo t e la derivata seconda rispetto al sottostante S) compaiono con il medesimo segno. L'*equazione di Black-Scholes* viene pertanto classificata come equazione *parabolica all'indietro*.

Per un'equazione parabolica all'indietro si può dimostrare che, sotto ipotesi abbastanza generali sulla regolarità dei dati e dei coefficienti dell'equazione stessa, assegnate due condizioni al contorno (in S) e una condizione finale (in t), la soluzione del problema esiste, è unica e dipende con continuità dai dati. L'equazione di Black-Scholes viene risolta infatti tenendo conto delle condizioni al contorno e del dato finale (il payoff).

Per un'equazione parabolica in avanti esiste un risultato analogo a garantire l'esistenza e l'unicità di una soluzione, a patto di assegnare un dato iniziale anziché finale.

L'interesse in Finanza per le equazioni paraboliche, in particolare per quelle all'indietro, è dovuto ad un legame profondo esistente tra questo tipo di equazioni ed i processi stocastici basati su processi di Wiener, detti talvolta di "diffusione". Tale legame viene evidenziato dal seguente risultato fondamentale, noto come Teorema di rappresentazione di Feynman-Kac.

Teorema 5.1.1 (di rappresentazione di Feynman-Kac) *Se $u(x,t)$ è soluzione dell'equazione alle derivate parziali*

$$\frac{\partial u}{\partial t} + \frac{1}{2}\sigma^2(x,t)\frac{\partial^2 u}{\partial x^2} + \mu(x,t)\frac{\partial u}{\partial x} - ru = 0 \tag{5.1}$$

con la condizione finale:

$$u(x,T) = \Phi(x), \tag{5.2}$$

allora tale soluzione ammette la seguente rappresentazione:

$$u(x,t) = e^{-r(T-t)}E_{t,x}[\Phi(X_T)], \tag{5.3}$$

dove $(X_s)_{s\geq t}$ soddisfa l'equazione differenziale stocastica:

$$dX_s = \mu(X_s,s)ds + \sigma(X_s,s)dW_s \tag{5.4}$$
$$X_t = x \tag{5.5}$$

e $E_{t,x}$ sottolinea la dipendenza dalle variabili t e x. Tale dipendenza è dovuta alla condizione (5.5).

Il risultato appena visto vale sotto l'ipotesi ulteriore che il processo $\sigma(s,X_s)\frac{\partial u(s,X_s)}{\partial x}$ sia a quadrato integrabile, i.e. $\int_0^t \left[\sigma(s,X_s)\frac{\partial u(s,X_s)}{\partial x}\right]^2 ds < +\infty$ P–q.c.

L'importanza di tale risultato è dovuta al fatto che esso permette di rappresentare la soluzione di un'equazione alle derivate parziali di tipo parabolico all'indietro come valore atteso di una v.a. che dipende dalla condizione finale dell'equazione alle derivate parziali e dalla soluzione di un'opportuna equazione differenziale stocastica. Per un approfondimento teorico sulle relazioni esistenti tra equazioni paraboliche all'indietro e equazioni differenziali stocastiche rimandiamo il lettore al testo di Björk [2].

Dal momento che è possibile dare una soluzione in forma esplicita soltanto per pochissime equazioni alle derivate parziali, per la risoluzione di tali equazioni si ricorre solitamente all'utilizzo di tecniche di tipo numerico che forniscono metodi di risoluzione approssimati ma spesso molto accurati.

Tra i numerosi metodi con cui si sono trovate le poche soluzioni note in forma esplicita, noi ci soffermeremo sui cosiddetti *metodi di similarità*, impiegati talora con successo nella ricerca di soluzioni di equazioni paraboliche, in particolare della cosiddetta *equazione di diffusione*:

$$\frac{\partial u}{\partial t}(x,t) = \frac{\partial^2 u}{\partial x^2}(x,t) \tag{5.6}$$

e di alcune sue varianti.

Il metodo di similarità si basa sulle proprietà di invarianza dell'equazione e dei suoi dati iniziali (finali) e/o al contorno rispetto ad una certa classe di trasformazioni delle variabili indipendenti. È facile ad esempio osservare che l'equazione di diffusione (5.6) non cambia forma se alla variabile t si sostituisce la variabile λt e simultaneamente alla variabile x si sostituisce la variabile $\lambda^2 x$. Tale proprietà di invarianza, che prende il nome di invarianza per riscalamento (che in questo caso particolare viene chiamato riscalamento parabolico), suggerisce la ricerca di una soluzione in una forma particolare, nella quale le due variabili indipendenti compaiano sempre nella stessa combinazione, cioè attraverso un monomio della forma $x/\sqrt{t}$. Affinché tale ricerca possa avere successo è necessario tuttavia che anche i dati godano della medesima proprietà di invarianza e, come vedremo nelle applicazioni, sono proprio i dati talvolta a suggerire la forma particolare da ricercare per la soluzione.

Individuata la combinazione nella quale compaiono le due variabili, la funzione incognita e i dati dell'equazione saranno esprimibili soltanto in funzione di questa, che assumerà il ruolo di nuova e unica variabile indipendente del problema, riducendo quindi la risoluzione dell'equazione alle derivati parziali alla soluzione di un'equazione differenziale ordinaria.

Forniamo una regola generale sotto forma di "ricetta" per la ricerca di soluzioni mediante il metodo di similarità per le equazioni alle derivate parziali del secondo ordine in due variabili di tipo parabolico, rimandando ancora alla bibliografia per un'esposizione più rigorosa del tema in questione. Occorre procedere per tentativi con una soluzione della forma $u = t^\alpha f(x/t^\beta)$ cercando gli opportuni esponenti α e β tali per cui l'equazione ammetta una riduzione del tipo visto sopra, cioè diventi un'equazione differenziale ordinaria nell'incognita $U(y)$ della nuova variabile indipendente $y = x/t^\beta$. Quanto appena visto assumerà una forma più chiara nelle applicazioni che seguiranno.

5.2   Esercizi svolti

Esercizio 5.1

Si mostri che per $a, b : \mathbb{R} \to \mathbb{R}$, funzioni di classe C^1,

$$V(S_t, t) = a(t)S_t + b(t)$$

soddisfa l'equazione di Black-Scholes:

$$\frac{\partial V}{\partial t} + \frac{1}{2}\sigma^2 S_t^2 \frac{\partial^2 V}{\partial S^2} + rS_t \frac{\partial V}{\partial S} - rV = 0 \tag{5.7}$$

se e soltanto se $a(t) = a$ e $b(t) = be^{rt}$ con a e b costanti.

Svolgimento

Si osservi innanzitutto che nel problema considerato non si sta imponendo nessuna condizione finale né al contorno. Se invece alla (5.7) venisse imposta la condizione finale $V(S_T, T) = payoff\ dell'opzione$ corredata delle opportune condizioni al contorno, allora il problema avrebbe un'unica soluzione: quella che coincide con la formula di Black-Scholes nel caso di opzioni Call o Put europee su un sottostante azionario.

Consideriamo $V(S_t, t) = a(t)S_t + b(t)$ e verifichiamo che se V soddisfa la (5.7) allora a e b sono costanti. Dal momento che

$$
\begin{aligned}
\frac{\partial V}{\partial t} &= a'(t)S_t + b'(t) \\
\frac{\partial V}{\partial S} &= a(t) \\
\frac{\partial^2 V}{\partial S^2} &= 0,
\end{aligned}
$$

sostituendo tali derivate parziali nella (5.7) si ottiene che se V soddisfa la (5.7) allora

$$
\frac{\partial V}{\partial t} + \frac{1}{2}\sigma^2 S_t^2 \frac{\partial^2 V}{\partial S^2} + rS_t\frac{\partial V}{\partial S} - rV = a'(t)S_t + b'(t) + rS_t a(t) - ra(t)S_t - rb(t) = 0
$$

o, equivalentemente,

$$
a'(t)\,S_t + b'(t) - rb(t) = 0.
$$

Dall'equazione precedente, uguagliando a zero i coefficienti dei termini di primo grado e di grado zero in S si ha:

$$
\begin{aligned}
a'(t) &= 0 \\
b'(t) - rb(t) &= 0.
\end{aligned}
$$

Di conseguenza, se V soddisfa la (5.7) allora $a(t) = a$ e $b(t) = be^{rt}$ con a, b costanti reali.

Viceversa: è facile verificare che: se a e b sono costanti allora $V(S_t, t) = aS_t + b$ soddisfa la (5.7).

Esercizio 5.2

Si supponga che $u(x, t)$ soddisfi il seguente problema sul semi-asse reale positivo:

$$
\frac{\partial u}{\partial t} = \frac{\partial^2 u}{\partial x^2}, \qquad \text{per } x > 0,\ t > 0
$$

con

$$
\begin{aligned}
u(x, 0) &= u_0(x), &\qquad \text{per } x > 0, \\
u(0, t) &= 0, &\qquad \text{per } t > 0.
\end{aligned}
$$

Si determini una funzione $h(x, s, t)$ che consenta di scrivere la soluzione del problema assegnato nella forma

$$u(x, t) = \int_0^{+\infty} u_0(s)\, h(x, s, t)ds. \tag{5.8}$$

Svolgimento

Cominciamo con l'osservare che la funzione di Green per il problema esaminato consente di esprimere la soluzione del problema nella forma seguente:

$$u(x, t) = \int_{-\infty}^{+\infty} u_0(s)\, g(x - s, t)ds, \tag{5.9}$$

i.e. nella forma di un integrale di convoluzione esteso a tutto l'asse reale. La funzione g che compare come nucleo integrale nell'espressione precedente è la soluzione fondamentale dell'equazione considerata, cioè è la soluzione che corrisponde al dato iniziale che consiste di una Delta di Dirac $\delta(x)$. È noto che la funzione di Green $g(x, s, t)$ per il problema in esame è la funzione

$$g(x, s, t) = \frac{1}{2\sqrt{\pi t}} \exp\left\{ -\frac{(x - s)^2}{4t} \right\}. \tag{5.10}$$

La funzione che stiamo cercando non è dunque la funzione di Green per il nostro problema, peraltro già nota, visto che nel nostro caso l'integrale che esprime la soluzione non è necessariamente nella forma di una convoluzione ed il dominio di integrazione è costituito soltanto dalla semiretta reale positiva.

Introduciamo ora in modo funzionale al nostro scopo il seguente problema ausiliario.

Sia definita una funzione $v(x, t)$ per riflessione attorno ad $x = 0$, ovvero

$$v(x, t) = \begin{cases} u(x, t); & \text{per } x > 0 \\ -u(-x, t); & \text{per } x < 0 \end{cases}$$

con $v_0(x) = v(x, 0)$ per x reale.

(a) Si mostri che $v(0, t) = 0$.

(b) Si mostri che la soluzione del problema (\$):

$$\frac{\partial v}{\partial t} = \frac{\partial^2 v}{\partial x^2}, \qquad \text{per } x \in \mathbb{R},\, t > 0$$

con

$$\begin{aligned} v(x, 0) &= v_0(x), & \text{per } x > 0 \\ v(0, t) &= 0, & \text{per } t > 0 \end{aligned}$$

è

$$v(x, t) = \frac{1}{2\sqrt{\pi t}} \int_0^{+\infty} u_0(s) \left[e^{-\frac{(x-s)^2}{4t}} - e^{-\frac{(x+s)^2}{4t}} \right] ds.$$

(a) Dalla definizione di v e dal fatto che $u\,(0,t) = 0$, si ottengono contemporaneamente le seguenti condizioni:

$$v\left(0^+,t\right) = \lim_{x\to 0^+} u\,(x,t) = 0$$
$$v\left(0^-,t\right) = \lim_{x\to 0^-} [-u\,(-x,t)] = 0.$$

Siccome v deve essere necessariamente continua, vale allora che $v\,(0,t) = 0$.

(b) Dall'osservazione fatta preliminarmente, se $v(x,t)$ è abbastanza regolare e se $\lim_{x\to\pm\infty} v(x,t) = 0$, sappiamo che vale:

$$v\,(x,t) = \frac{1}{2\sqrt{\pi t}} \int_{-\infty}^{+\infty} v_0\,(s)\, e^{-\frac{(x-s)^2}{4t}}\, ds. \tag{5.11}$$

Per definizione, tuttavia,

$$v_0\,(x) = v\,(x,0) = \begin{cases} u\,(x,0) = u_0\,(x)\,; & \text{per } x > 0 \\ -u\,(-x,0) = -u_0\,(-x)\,; & \text{per } x < 0 \end{cases} \tag{5.12}$$

Sostituendo quindi la (5.12) nella (5.11), si ottiene che

$$v\,(x,t) = \frac{1}{2\sqrt{\pi t}} \int_{-\infty}^{+\infty} v_0\,(s)\, e^{-\frac{(x-s)^2}{4t}}\, ds =$$

$$= \frac{1}{2\sqrt{\pi t}} \left[\int_{-\infty}^{0} -u_0\,(-s)\, e^{-\frac{(x-s)^2}{4t}}\, ds + \int_{0}^{+\infty} u_0\,(s)\, e^{-\frac{(x-s)^2}{4t}}\, ds \right] = \tag{5.13}$$

$$= \frac{1}{2\sqrt{\pi t}} \left[\int_{+\infty}^{0} u_0\,(y)\, e^{-\frac{(x+y)^2}{4t}}\, dy + \int_{0}^{+\infty} u_0\,(s)\, e^{-\frac{(x-s)^2}{4t}}\, ds \right] = \tag{5.14}$$

$$= \frac{1}{2\sqrt{\pi t}} \left[-\int_{0}^{+\infty} u_0\,(y)\, e^{-\frac{(x+y)^2}{4t}}\, dy + \int_{0}^{+\infty} u_0\,(s)\, e^{-\frac{(x-s)^2}{4t}}\, ds \right] =$$

$$= \frac{1}{2\sqrt{\pi t}} \left[-\int_{0}^{+\infty} u_0\,(z)\, e^{-\frac{(x+z)^2}{4t}}\, dz + \int_{0}^{+\infty} u_0\,(z)\, e^{-\frac{(x-z)^2}{4t}}\, dz \right] =$$

$$= \frac{1}{2\sqrt{\pi t}} \int_{0}^{+\infty} u_0\,(z) \left[e^{-\frac{(x-z)^2}{4t}} - e^{-\frac{(x+z)^2}{4t}} \right] dz,$$

dove l'uguaglianza tra la (5.13) e la (5.14) si ottiene con il cambiamento di variabile $y = -s$ (di conseguenza: $dy = -ds$).

Dall'ultima uguaglianza e dalla relazione tra il problema iniziale ed il problema (\$), si ricava che la funzione $h(x,s,t)$ che stiamo cercando è
$h\,(x,s,t) = \frac{1}{2\sqrt{\pi t}} \left[e^{-\frac{(x-s)^2}{4t}} - e^{-\frac{(x+s)^2}{4t}} \right].$

Osservazione Il risultato appena ottenuto può essere applicato alla valutazione di opzioni barriera e consiste in una applicazione leggermente modificata del metodo delle immagini, metodo generalmente utilizzato per calcolare il valore di tali opzioni.

Esercizio 5.3

Si trovi la soluzione di similarità per il seguente problema misto:

$$\frac{\partial u}{\partial t} = \frac{\partial^2 u}{\partial x^2} + 3x^2, \qquad \text{per } x > 0,\, t > 0 \tag{5.15}$$

con

$$
\begin{aligned}
u\left(0,t\right) &= 0, &\quad \text{per } t > 0 \tag{5.16} \\
\lim_{x \to \infty} \frac{u(x,t)}{x^4} &= 0, &\quad \text{per } t > 0 \tag{5.17} \\
u\left(x,0\right) &= 0, &\quad \text{per } x > 0. \tag{5.18}
\end{aligned}
$$

Svolgimento

L'obiettivo è quello di cercare un'opportuna trasformazione di x e t del tipo

$$\xi = \frac{x}{t^\alpha}$$

ed una soluzione $u\left(x,t\right)$ del tipo

$$u\left(x,t\right) = t^\beta U\left(\frac{x}{t^\alpha}\right) = t^\beta U\left(\xi\right)$$

e di riscrivere la (5.15) in termini di ξ ed U. Si troverà quindi un'equazione differenziale ordinaria di secondo ordine in U, più semplice da risolvere.

Incominciamo a trovare i coefficienti α e β opportuni.
Osserviamo innanzitutto che, in termini di U e ξ,

$$
\begin{aligned}
\frac{\partial u}{\partial t} &= \beta t^{\beta-1} U\left(\frac{x}{t^\alpha}\right) + t^\beta U'\left(\frac{x}{t^\alpha}\right)\left(-\alpha \frac{x}{t^{\alpha+1}}\right) = \\
&= \beta t^{\beta-1} U\left(\xi\right) - \alpha x t^{\beta-\alpha-1} U'\left(\xi\right) = \beta t^{\beta-1} U\left(\xi\right) - \alpha \xi t^{\beta-1} U'\left(\xi\right) \\
\frac{\partial u}{\partial x} &= t^\beta U'\left(\frac{x}{t^\alpha}\right)\frac{1}{t^\alpha} = t^{\beta-\alpha} U'\left(\frac{x}{t^\alpha}\right) = t^{\beta-\alpha} U'\left(\xi\right) \\
\frac{\partial^2 u}{\partial x^2} &= t^{\beta-\alpha} U''\left(\frac{x}{t^\alpha}\right)\frac{1}{t^\alpha} = t^{\beta-2\alpha} U''\left(\frac{x}{t^\alpha}\right) = t^{\beta-2\alpha} U''\left(\xi\right)
\end{aligned}
$$

La (5.15) diventa quindi

$$
\begin{aligned}
\beta t^{\beta-1} U\left(\xi\right) - \alpha \xi t^{\beta-1} U'\left(\xi\right) &= t^{\beta-2\alpha} U''\left(\xi\right) + 3x^2 \\
\beta t^{\beta-1} U\left(\xi\right) - \alpha \xi t^{\beta-1} U'\left(\xi\right) &= t^{\beta-2\alpha} U''\left(\xi\right) + 3\xi^2 t^{2\alpha}
\end{aligned}
$$

e, dividendo entrambi i membri per $t^{2\alpha}$,

$$t^{\beta-2\alpha-1}\left[\beta U\left(\xi\right)-\alpha\xi U'\left(\xi\right)\right]=t^{\beta-4\alpha}U''\left(\xi\right)+3\xi^2. \qquad (5.19)$$

Affinché la variabile t non compaia nell'equazione precedente, scegliamo β e α tali che

$$\begin{cases} \beta-2\alpha-1=0 \\ \beta-4\alpha=0 \end{cases}$$

i.e. $\alpha=1/2$ e $\beta=2$.

La trasformazione di x e t è quindi

$$\xi=\frac{x}{\sqrt{t}}.$$

Si cerca pertanto una soluzione $u\left(x,t\right)$ del tipo

$$u\left(x,t\right)=t^2 U\left(\xi\right).$$

Riscrivendo allora la (5.15) in termini di ξ ed U, ovvero la (5.19) con $\alpha=1/2$ e $\beta=2$, si ottiene che:

$$\begin{aligned} \beta U\left(\xi\right)-\alpha\xi U'\left(\xi\right) &= U''\left(\xi\right)+3\xi^2 \\ U''\left(\xi\right)+\frac{1}{2}\xi U'\left(\xi\right)-2U\left(\xi\right) &= -3\xi^2. \end{aligned} \qquad (5.20)$$

La condizione (5.16) per u diventa $U\left(0\right)=0$, mentre la condizione (5.17) per u diventa $\lim_{\xi\to+\infty}\frac{U(\xi)}{\xi^4}=0$. Infatti: quando $t\to 0$ allora $\xi\to+\infty$ e per $t\to 0$

$$0\leftarrow\frac{u\left(x,t\right)}{x^4}=\frac{t^2 U\left(\xi\right)}{x^4}=\frac{U\left(\xi\right)}{\xi^4}.$$

Dobbiamo quindi trovare la soluzione generale della (5.20). Essendo quest'ultima un'equazione differenziale non omogenea, la soluzione generale della (5.20) sarà data dalla soluzione generale dell'omogenea associata

$$U''\left(\xi\right)+\frac{1}{2}\xi U'\left(\xi\right)-2U\left(\xi\right)=0 \qquad (5.21)$$

più una soluzione particolare della (5.20).

Troviamo innanzitutto una soluzione particolare della (5.20). Provando con funzioni di tipo polinomiale, si vede subito che $U_p\left(\xi\right)=-\frac{1}{4}\xi^4$ è una soluzione particolare della (5.20).

Cerchiamo ora la soluzione generale della (5.21). Se si conoscono due soluzioni U_1^H e U_2^H "indipendenti" della (5.21), allora la soluzione generale è data dalla combinazione lineare di U_1^H e U_2^H.

Cercando innanzitutto una soluzione di tipo polinomiale, si trova che $U_1^H\left(\xi\right)=\xi^4+12\xi^2+12$ soddisfa la (5.21).

Tramite il metodo di variazione delle costanti, un'altra soluzione della (5.21) si trova come

$$U_2^H\left(\xi\right)=a\left(\xi\right)U_1^H\left(\xi\right),$$

con a funzione opportuna. Resta quindi da trovare tale funzione a. A tale scopo imponiamo che U_2^H soddisfi la (5.21).

Siccome

$$
\begin{aligned}
\left(U_2^H\right)'(\xi) &= a'(\xi)\,U_1^H(\xi) + a(\xi)\left(U_1^H\right)'(\xi) \\
\left(U_2^H\right)''(\xi) &= a''(\xi)\,U_1^H(\xi) + 2a'(\xi)\left(U_1^H\right)'(\xi) + a(\xi)\left(U_1^H\right)''(\xi),
\end{aligned}
$$

la funzione a deve soddisfare

$$
a''U_1 + 2a'U_1' + aU_1'' + \frac{1}{2}\xi a U_1' + \frac{1}{2}\xi a'U_1 - 2aU_1 = 0, \qquad (5.22)
$$

dove per semplicità sono stati omessi gli argomenti delle funzioni e U_1 denota U_1^H. Dal momento che U_1^H soddisfa la (5.21), la (5.22) si riduce a

$$
a''U_1 + 2a'U_1' + \frac{1}{2}\xi a'U_1 = 0,
$$

i.e.

$$
\frac{a''}{a'} = -\frac{\xi}{2} - 2\frac{U_1'}{U_1}. \qquad (5.23)
$$

Indicando con h la funzione a', l'equazione differenziale (5.23) si riduce ad un'equazione differenziale del primo ordine a variabii separabili.

Escludendo $h(\xi) \equiv 0$, si ottiene

$$
\ln\left(h(\xi)\right) = \ln h(0) - \frac{\xi^2}{4} - 2\ln(\xi^4 + 12\xi^2 + 12) \qquad (5.24)
$$

e quindi

$$
h(\xi) = a'(\xi) = a'(0)\frac{1}{\left(\xi^4 + 12\xi^2 + 12\right)^2}e^{-\xi^2/4}.
$$

A questo punto, per ottenere U_2^H si hanno due possibilità:

1) si integra la funzione a', ricavando quindi a e di conseguenza U_2^H;

2) (più semplice) dalla forma di a' si osserva che una "buona candidata" per la funzione U_2^H è del tipo $f(\xi)\,e^{-\xi^2/4} + g(\xi)\int_{-\infty}^{\xi} e^{-\frac{1}{4}s^2}ds$, dove $f(\xi)$ e $g(\xi)$ sono polinomi in ξ , il primo di grado non superiore al terzo e il secondo di grado non superiore al quarto. Si calcolano inoltre i coefficienti di tali polinomi sostituendo $f(\xi)$ e $g(\xi)$ nell'equazione che U_2^H deve soddisfare.

Procedendo in questo modo si ottiene quindi che un'altra soluzione della (5.21), indipendente da U_1^H, è

$$
U_2^H(\xi) = 2\xi\left(\xi^2 + 10\right)e^{-\frac{1}{4}\xi^2} + \left(\xi^4 + 12\xi^2 + 12\right)\int_0^{\xi} e^{-\frac{1}{4}s^2}ds.
$$

La soluzione generale dell'omogenea (5.21) è allora:

$$
U_G^H(\xi) = aU_1^H(\xi) + bU_2^H(\xi)
$$

e, di conseguenza, la soluzione generale della non omogenea (5.20) è data da

$$U_G\left(\xi\right) = U_p\left(\xi\right) + aU_1^H\left(\xi\right) + bU_2^H\left(\xi\right).$$

Imponendo le condizioni $U\left(0\right) = 0$ e $\lim_{\xi\to+\infty}\frac{U(\xi)}{\xi^4} = 0$, si ricavano i due valori delle costanti a e b.

Dalla prima condizione si ricava $a = 0$. Poiché $\lim_{\xi\to\infty}\frac{U(\xi)}{\xi^4} = -\frac{1}{4} + b\sqrt{\pi}$, dalla seconda condizione si ricava $b = \frac{1}{4\sqrt{\pi}}$.

La soluzione di similarità cercata è data quindi da

$$
\begin{aligned}
U\left(\xi\right) \;=\;& -\frac{1}{4}\xi^4 + \frac{1}{2\sqrt{\pi}}(\xi^3 + 10\xi)e^{-\frac{1}{4}\xi^2} + \\
& +\frac{1}{4\sqrt{\pi}}(\xi^4 + 12\xi^2 + 12\xi)\int_0^\xi e^{-\frac{s^2}{4}}\,ds.
\end{aligned}
$$

Di conseguenza, la soluzione del problema iniziale (5.15)-(5.18) è

$$
\begin{aligned}
u\left(x,t\right) \;=\;& t^2 U\left(\frac{x}{\sqrt{t}}\right) = \\
=\;& -\frac{1}{4}x^4 + \frac{1}{2\sqrt{\pi}}\left[\sqrt{t}x^3 + 10xt^{3/2}\right]e^{-\frac{1}{4}\xi^2} + \\
& +\frac{1}{4\sqrt{\pi}}\left(x^4 + 12x^2t + 6xt^{3/2}\right)\int_0^{x/\sqrt{t}} e^{-\frac{s^2}{4}}\,ds.
\end{aligned}
$$

Sostituendo la soluzione così ottenuta nella (5.15) si può verificare che essa soddisfa il problema considerato.

Esercizio 5.4

Utilizzando la formula di Feynman-Kac, si risolva il seguente problema su $[0,T] \times \mathbb{R}$:

$$\frac{\partial V}{\partial t} + \mu x \frac{\partial V}{\partial x} + \frac{1}{2}\sigma^2 x^2 \frac{\partial^2 V}{\partial x^2} = 0 \tag{5.25}$$
$$V(T,x) = \ln\left(x^4\right) + k$$

con μ, σ e k costanti note.

Svolgimento

Per la formula di Feynman-Kac, si ha che la soluzione di

$$\frac{\partial V}{\partial t} + m(t,x)\frac{\partial V}{\partial x} + \frac{1}{2}s^2(t,x)\frac{\partial^2 V}{\partial x^2} = 0$$
$$V(T,x) = \Phi(x)$$

è $V(t,x) = E\left[\Phi(X_T)\right]$, dove per $u \geq t$

$$\begin{cases} dX_u = m(u,X_u)\,du + s(u,X_u)\,dW_u \\ X_t = x \end{cases}$$

Nel nostro caso, quindi, $m(t,x) = \mu x$, $s(t,x) = \sigma x$ e $\Phi(x) = \ln\left(x^4\right) + k$. Quindi la soluzione del problema iniziale è data da $V(t,x) = E\left[\Phi(X_T)\right]$, dove per $u \geq t$

$$\begin{cases} dX_u = \mu X_u du + \sigma X_u dW_u \\ X_t = x \end{cases} \tag{5.26}$$

Siccome la soluzione di (5.26) è

$$\begin{aligned} X_u &= X_t \exp\left\{\left(\mu - \frac{1}{2}\sigma^2\right)(u-t) + \sigma(W_u - W_t)\right\} = \\ &= x \exp\left\{\left(\mu - \frac{1}{2}\sigma^2\right)(u-t) + \sigma(W_u - W_t)\right\}, \end{aligned}$$

si ricava che

$$X_T = x\exp\left\{\left(\mu - \frac{1}{2}\sigma^2\right)(T-t) + \sigma(W_T - W_t)\right\}$$

$$\begin{aligned} \ln\left(X_T^4\right) + k &= \ln\left(x^4 \exp\left\{4\left(\mu - \frac{1}{2}\sigma^2\right)(T-t) + 4\sigma(W_T - W_t)\right\}\right) + k = \\ &= \ln\left(x^4\right) + 4\left(\mu - \frac{1}{2}\sigma^2\right)(T-t) + 4\sigma(W_T - W_t) + k. \end{aligned}$$

Si deduce infine che la soluzione del problema iniziale è

$$\begin{aligned} V(t,x) &= E\left[\Phi(X_T)\right] = \\ &= E\left[\ln\left(x^4\right) + 4\left(\mu - \frac{1}{2}\sigma^2\right)(T-t) + 4\sigma(W_T - W_t) + k\right] = \\ &= \ln\left(x^4\right) + 4\left(\mu - \frac{1}{2}\sigma^2\right)(T-t) + k, \end{aligned}$$

visto che $E\left[W_T - W_t\right] = 0$ per definizione di moto browniano standard.

Esercizio 5.5

Nell'ambito del modello di Black-Scholes, si consideri un'opzione scritta su un sottostante azionario di dinamica

$$dS_t = \mu S_t dt + \sigma S_t dW_t$$

con $S_0 = 20$ euro, $\mu = 0.16$ e $\sigma = 0.36$ (annui). Il tasso d'interesse annuo risk-free è del 4% annuo.

Utilizzando la formula di Feynman-Kac, si determini il prezzo iniziale dell'opzione di sottostante S e di payoff

$$\Phi\left(S_T\right) = \left(\ln\left(S_T^2\right) - E\right)^+$$

con $E = 6$ euro e scadenza $T = 1$ anno.

Svolgimento

Nel modello di Black-Scholes si sa che il prezzo dell'opzione di cui sopra alla data t è funzione di S_t e di t (lo indicheremo con $F\left(S_t, t\right)$) ed è soluzione di

$$\frac{\partial F}{\partial t} + rx\frac{\partial F}{\partial x} + \frac{1}{2}\sigma^2 x^2 \frac{\partial^2 F}{\partial x^2} - rF \;=\; 0$$
$$F\left(T, S_T\right) \;=\; \left(\ln\left(S_T^2\right) - E\right)^+ = \Phi\left(S_T\right).$$

Per la formula di Feynman-Kac, si ha che la soluzione di

$$\frac{\partial F}{\partial t} + m\left(t, x\right)\frac{\partial F}{\partial x} + \frac{1}{2}s^2\left(t, x\right)\frac{\partial^2 F}{\partial x^2} - rF \;=\; 0$$
$$F\left(T, x\right) \;=\; \Phi\left(x\right)$$

è $F\left(t, x\right) = e^{-r(T-t)}E\left[\Phi\left(X_T\right)\right]$, dove per $u \geq t$

$$\begin{cases} dX_u = m\left(u, X_u\right)du + s\left(u, X_u\right)dW_u \\ X_t = x \end{cases}$$

Dal momento che, nel nostro caso, $m\left(t, x\right) = rx$, $s\left(t, x\right) = \sigma x$ e $\Phi\left(x\right) = \left(\ln\left(x^2\right) - E\right)^+$, la soluzione del problema iniziale è data da $F\left(t, x\right) = e^{-r(T-t)}E\left[\Phi\left(X_T\right)\right]$, dove per $u \geq t$

$$\begin{cases} dX_u = rX_u du + \sigma X_u dW_u \\ X_t = x \end{cases} \tag{5.27}$$

Siccome la soluzione di (5.27) è

$$X_u = x\exp\left\{\left(r - \frac{1}{2}\sigma^2\right)(u - t) + \sigma\left(W_u - W_t\right)\right\},$$

si ricava che

$$
\begin{aligned}
X_T &= x \exp\left\{\left(r - \frac{1}{2}\sigma^2\right)(T-t) + \sigma\left(W_T - W_t\right)\right\} \\
\ln\left(X_T^2\right) &= \ln\left(x^2 \exp\left\{2\left(r - \frac{1}{2}\sigma^2\right)(T-t) + 2\sigma\left(W_T - W_t\right)\right\}\right) = \\
&= \ln\left(x^2\right) + 2\left(r - \frac{1}{2}\sigma^2\right)(T-t) + 2\sigma\left(W_T - W_t\right).
\end{aligned}
$$

Si deduce infine che il prezzo iniziale dell'opzione è

$$
\begin{aligned}
F\left(S_0, 0\right) &= e^{-rT} E\left[\Phi\left(X_T\right)\right] = \\
&= e^{-rT} E\left[\left(\ln\left(X_0^2\right) + 2\left(r - \frac{1}{2}\sigma^2\right)T + 2\sigma W_T - E\right)^+\right] = \\
&= e^{-rT} E\left[\left(\ln\left(S_0^2\right) + \left(2r - \sigma^2\right)T + 2\sigma W_T - E\right)^+\right].
\end{aligned}
$$

Rimane allora soltanto da calcolare $E\left[\left(\ln\left(S_0^2\right) + \left(2r - \sigma^2\right)T + 2\sigma W_T - E\right)^+\right]$. Siccome $(W_t)_{t\geq 0}$ è un moto browniano standard e $T = 1$, segue che $W_T = W_1 \sim N\left(0; 1\right)$. Di conseguenza, indicando con $Z = W_1 \sim N\left(0; 1\right)$:

$$
\begin{aligned}
F\left(S_0, 0\right) &= e^{-r} E\left[\left(2\ln\left(S_0\right) + 2r - \sigma^2 + 2\sigma Z - E\right)^+\right] = \\
&= e^{-r} \int_{\mathbb{R}} \left(2\ln\left(S_0\right) + 2r - \sigma^2 + 2\sigma z - E\right)^+ f_Z\left(z\right) dz = \\
&= e^{-r} \int_{\mathbb{R}} \left(2\ln\left(S_0\right) + 2r - \sigma^2 + 2\sigma z - E\right)^+ \frac{1}{\sqrt{2\pi}} e^{-\frac{z^2}{2}} dz = \\
&= e^{-r} \int_{\frac{E - 2\ln(S_0) - 2r + \sigma^2}{2\sigma}}^{+\infty} \left(2\ln\left(S_0\right) + 2r - \sigma^2 + 2\sigma z - E\right) \frac{1}{\sqrt{2\pi}} e^{-\frac{z^2}{2}} dz = \\
&= e^{-r} \int_{\frac{E - 2\ln(S_0) - 2r + \sigma^2}{2\sigma}}^{+\infty} \left(2\ln\left(S_0\right) + 2r - \sigma^2 - E\right) \frac{1}{\sqrt{2\pi}} e^{-\frac{z^2}{2}} dz + \\
&\quad + e^{-r} \int_{\frac{E - 2\ln(S_0) - 2r + \sigma^2}{2\sigma}}^{+\infty} 2\sigma z \frac{1}{\sqrt{2\pi}} e^{-\frac{z^2}{2}} dz
\end{aligned}
$$

$$
\begin{aligned}
&= e^{-r} \left(2\ln\left(S_0\right) + 2r - \sigma^2 - E\right)\left[1 - N\left(\frac{E - 2\ln\left(S_0\right) - 2r + \sigma^2}{2\sigma}\right)\right] + \\
&\quad + e^{-r}\left[-2\sigma \frac{1}{\sqrt{2\pi}} e^{-\frac{z^2}{2}}\right]\Bigg|_{\frac{E - 2\ln(S_0) - 2r + \sigma^2}{2\sigma}}^{+\infty} \\
&= e^{-r} \left(2\ln\left(S_0\right) + 2r - \sigma^2 - E\right)\left[1 - N\left(\frac{E - 2\ln\left(S_0\right) - 2r + \sigma^2}{2\sigma}\right)\right] + \\
&\quad + e^{-r} 2\sigma \frac{1}{\sqrt{2\pi}} e^{-\frac{\left[E - 2\ln(S_0) - 2r + \sigma^2\right]^2}{8\sigma^2}} \\
&= 0.25,
\end{aligned}
$$

dove $N\left(\cdot\right)$ indica la funzione di ripartizione della Normale standard. Il prezzo iniziale dell'opzione è allora pari a 0.25 euro.

5.3 Esercizi proposti

Es. 5.6 Nell'ambito del modello di Black-Scholes, si consideri un'opzione scritta su un sottostante azionario il cui prezzo evolva con la seguente dinamica

$$dS_t = \mu S_t dt + \sigma S_t dW_t,$$

con $S_0 = 16$ euro, $\mu = 0.12$ (annuo) e $\sigma = 0.3$ (annuo). Il tasso d'interesse risk-free r è del 4% annuo.

(a) Se l'opzione di cui sopra ha payoff

$$\Phi\left(S_T\right) = \left(\ln\left(S_T/E\right)^3\right)^+ = \left(\ln\left(S_T^3\right) - 3\ln E\right)^+$$

con $E = 20$ euro e scadenza T tra un anno, se ne determini il prezzo alla data odierna ($t = 0$) utilizzando la formula di Feynman-Kac.

(b) È più probabile avere un payoff strettamente positivo per l'opzione del punto (a) oppure per un'opzione Call europea con stessi E e T? Oppure è indifferente?

(c) È più probabile avere un payoff di almeno 10 euro per l'opzione del punto (a) oppure per un'opzione Call europea con stessi E e T? O è indifferente?

Capitolo 6

Opzioni Americane

6.1 Richiami di teoria

Si definisce opzione *americana* un contratto che permette al possessore di acquistare (Call) o vendere (Put) un'attività finanziaria sottostante ad un prezzo di esercizio E in un qualunque momento compreso tra la data di inizio e la data di scadenza del contratto. La differenza sostanziale tra le opzioni americane e quelle europee corrispondenti consiste pertanto nella *possibilità* di avere un *esercizio anticipato*.

Se il titolo sottostante non distribuisce dividendi, si può dimostrare che l'esercizio anticipato di un'opzione Call non è mai ottimale. Il valore di una Call americana scritta su un titolo che non distribuisce dividendi è pertanto lo stesso di quello di una Call europea con gli stessi parametri. La stessa conclusione non è valida per un'opzione Call su un titolo che distribuisce dividendi o per un'opzione Put.

Durante la vita dell'opzione possono verificarsi situazioni in cui l'esercizio anticipato risulta più conveniente dell'esercizio a scadenza. Il valore delle opzioni americane sarà quindi diverso da quello delle opzioni europee corrispondenti. In generale si avrà che i valori iniziali di tali opzioni soddisfano le seguenti disuguaglianze:

$$C_0^{Am} \geq C_0^{Eur}$$
$$P_0^{Am} \geq P_0^{Eur}.$$

Una delle proprietà delle opzioni europee che cessa di valere per le opzioni americane è la parità Put-Call.

La valutazione delle opzioni americane nell'ambito del modello lognormale viene affrontata mediante la formulazione di un *problema a frontiera libera* per l'equazione alle derivate parziali di Black-Scholes, oppure mediante un *problema di arresto ottimo* per il processo stocastico definito dal valore atteso del payoff rispetto alla misura di martingala equivalente. Entrambi i problemi non ammettono una soluzione esprimibile in forma chiusa e le tecniche risolutive richiedono strumenti di tipo numerico, fornendo risultati approssimati. I metodi ora citati richiedono approfondimenti che esulano dallo scopo della presente raccolta di esercizi.

Rimandiamo il lettore interessato ad approfondire gli aspetti analitici e numerici relativi ai problemi a frontiera libera e in particolare alle opzioni americane ai testi di Wilmott, Howison, Dewynne [16], mentre rimandiamo al testo di Musiela, Rutkowski [11] per quanto riguarda gli aspetti stocastici legati al problema del tempo di arresto ottimo. Noi ci limiteremo a proporre alcuni esercizi e problemi di valutazione di opzioni americane nell'ambito del modello binomiale. Vedremo in pratica con quale accorgimento sia possibile la valutazione di un'opzione americana assegnando ad ogni nodo dell'albero binomiale il valore che l'opzione può assumere tenendo conto della possibilità di esercizio anticipato.

6.2   Esercizi svolti

Esercizio 6.1

Un'opzione è scritta su un sottostante azionario che non paga dividendi ed il cui prezzo corrente è 8 euro. Per ognuno dei prossimi due semestri il prezzo dell'azione potrà crescere del 40% con probabilità dell'80% oppure decrescere del 60% con probabilità del 20%, il tasso d'interesse risk-free è del 4% annuo e lo strike dell'opzione di cui sopra è pari a 8 euro.

1. (a) Si calcoli il valore atteso della v.a. S_2 (valore del sottostante azionario tra due periodi, ovvero un anno) attualizzato alla data odierna.

      La misura di probabilità P derivante dai dati di cui sopra è una misura di martingala?

      Il processo stocastico $(S_t)_{t=0,1,2}$ (dove $t = 1$ equivale a un semestre e $t = 2$ a due semestri) rappresentante il prezzo del sottostante azionario è una martingala rispetto a P?

   (b) Si definisca $\tilde{S}_t$ il valore del sottostante azionario alla data t attualizzato alla data odierna. Si determini una misura di probabilità Q rispetto alla quale $\left(\tilde{S}_t\right)_{t=0,1,2}$ sia una martingala.

2. Qual è il prezzo iniziale di una Call europea scritta su tale sottostante e di scadenza un anno? E della Put corrispondente?

3. È ottimale esercitare la Call americana corrispondente prima di scadenza? Qual è il suo prezzo?

4. Nel mercato costituito dal titolo azionario e dal titolo privo di rischio ci sarebbero opportunità di arbitraggio se per ognuno dei prossimi due semestri il prezzo dell'azione potesse crescere del 4% con probabilità dell'80% oppure decrescere del 4% con probabilità del 20% ed il tasso d'interesse risk-free fosse del 15% annuo?

5. Nel modello di mercato del punto 4. sarebbe ancora possibile valutare l'opzione europea e quella americana come in 2. e in 3.?

Svolgimento

Dai dati del problema si deduce che si è nell'ambito di un modello binomiale con fattore di crescita $u = 1.4$ e di decrescita $d = 0.4$ su ogni periodo (in questo caso semestre). Il prezzo dell'azione può allora evolvere nel tempo come segue:

$$S_0 = 8 \quad\nearrow^{p=0.8}\quad S_1^u = 11.2 \quad\nearrow^{p}\quad S_2^{uu} = 15.68$$
$$\searrow^{1-p=0.2}\quad S_1^d = 3.2 \quad\searrow^{1-p}\quad S_2^{ud} = 4.48 \quad\nearrow^{p}\quad \searrow^{1-p}\quad S_2^{dd} = 1.28$$

$$t = 0 \qquad t = 1 \text{ (1 semestre)} \qquad T = 2 \text{ (2 semestri)}$$

1. (a) Dai dati sintetizzati nell'albero precedente, si deduce immediatamente che

$$\begin{aligned} P\left(S_2 = S_2^{uu}\right) &= p^2 = 0.64 \\ P\left(S_2 = S_2^{ud}\right) &= 2p\left(1-p\right) = 0.32 \\ P\left(S_2 = S_2^{dd}\right) &= \left(1-p\right)^2 = 0.04 \end{aligned}$$

e

$$E_P\left[S_2\right] = 15.68 \cdot 0.64 + 4.48 \cdot 0.32 + 1.28 \cdot 0.04 = 11.52$$

Siccome $E_P\left[S_2\right] = 11.52 \neq S_0$, segue che il processo $\left(S_t\right)_{t=0,1,2}$ non è una martingala rispetto alla misura di probabilità P.

Verifichiamo ora se il processo stocastico $\left(\tilde{S}_t\right)_{t=0,1,2}$, rappresentante il valore del sottostante azionario attualizzato alla data odierna, è una martingala rispetto a P, i.e. se P è una misura di martingala. Si verifica immediatamente che P non è una misura di martingala dal momento che

$$E_P\left[\tilde{S}_2\right] = \frac{E_P\left[S_2\right]}{1+r} = \frac{11.52}{1.04} = 11.076 \neq 8 = S_0 = \tilde{S}_0.$$

(b) Per determinare la misura di martingala Q, è necessario verificare se esiste Q tale che

$$\begin{cases} \dfrac{E_Q[S_2]}{1+r} = S_0 \\[2mm] \dfrac{E_Q[S_1]}{(1+r)^{1/2}} = S_0 \\[2mm] \dfrac{E_Q[S_2|S_1=S_1^u]}{(1+r)^{1/2}} = S_1^u \\[2mm] \dfrac{E_Q[S_2|S_1=S_1^d]}{(1+r)^{1/2}} = S_1^d \end{cases}$$

o, equivalentemente, se esiste $q_u \in [0,1]$ ("nuova" probabilità di crescita del sottostante su ogni periodo) soluzione del seguente sistema

$$\begin{cases} S_2^{uu} \cdot q_u^2 + S_2^{ud} \cdot 2q_u\,(1-q_u) + S_2^{dd} \cdot (1-q_u)^2 = S_0\,(1+r) \\ S_1^u \cdot q_u + S_1^d \cdot (1-q_u) = S_0\,(1+r)^{1/2} \\ S_2^{uu} \cdot q_u + S_2^{ud} \cdot (1-q_u) = S_1^u\,(1+r)^{1/2} \\ S_2^{ud} \cdot q_u + S_2^{dd} \cdot (1-q_u) = S_1^d\,(1+r)^{1/2} \end{cases}$$

Siccome $S_2^{uu} = S_1^u \cdot u$, $S_2^{ud} = S_1^u \cdot d = S_1^d \cdot u$, $S_2^{dd} = S_1^d \cdot d$, $S_1^u = S_0 \cdot u$ e $S_1^d = S_0 \cdot d$, si ottiene che la terza e la quarta equazione del sistema sono combinazioni lineari della seconda. Di conseguenza, il sistema si riduce a

$$\begin{cases} S_0 u^2 q_u^2 + S_0 ud \cdot 2q_u\,(1-q_u) + S_0 d^2\,(1-q_u)^2 = S_0\,(1+r) \\ S_0 u q_u + S_0 d\,(1-q_u) = S_0\,(1+r)^{1/2} \end{cases}$$

$$\begin{cases} u^2 q_u^2 + ud \cdot 2q_u\,(1-q_u) + d^2\,(1-q_u)^2 = 1+r \\ u q_u + d\,(1-q_u) = (1+r)^{1/2} \end{cases}$$

Siccome la prima equazione è il quadrato della seconda, si ottiene immediatamente che la soluzione del sistema precedente è

$$q_u = \frac{(1+r)^{1/2} - d}{u-d} = \frac{\sqrt{1.04} - 0.4}{1.4 - 0.4} = 0.62.$$

Si ottiene inoltre che la misura di martingala, utile per determinare il prezzo delle opzioni, corrisponde alle seguenti probabilità di crescita/decrescita su ogni periodo:

$$\begin{aligned} q_u &= 0.62 \\ 1 - q_u &= 0.38. \end{aligned}$$

2. Osserviamo che il payoff dell'opzione Call europea è 7.68, 0 e 0 quando $S_T = 15.68$, $S_T = 4.48$ e $S_T = 1.28$, rispettivamente. Si deduce allora che il prezzo iniziale della Call europea è pari a

$$C_0^{Eur} = \frac{1}{1+r}\left[q_u^2 \cdot 7.68 + 2q_u\,(1-q_u)\cdot 0 + (1-q_u)^2 \cdot 0 \right] = 2.84 \text{ euro.}$$

Dalla parità Put-Call si ricava immediatamente il prezzo della Put europea corrispondente, pari a

$$P_0^{Eur} = C_0^{Eur} - S_0 + \frac{E}{1+r} = 2.84 - 8 + \frac{8}{1.04} = 2.53 \text{ euro.}$$

3. Dal momento che nel caso di una Call americana su un sottostante azionario senza dividendi non è mai ottimale l'esercizio prima di scadenza, se ne deduce che il prezzo iniziale di tale opzione americana coincide con quello della corrispondente Call europea:

$$C_0^{Am} = C_0^{Eur} = 2.84 \text{ euro.}$$

4. Dai nuovi dati del problema si deduce che si è nell'ambito di un modello binomiale con fattore di crescita $u = 1.04$ e di decrescita $d = 0.96$ su ogni periodo (in questo caso ogni semestre). Quindi il prezzo dell'azione può evolvere nel tempo come segue:

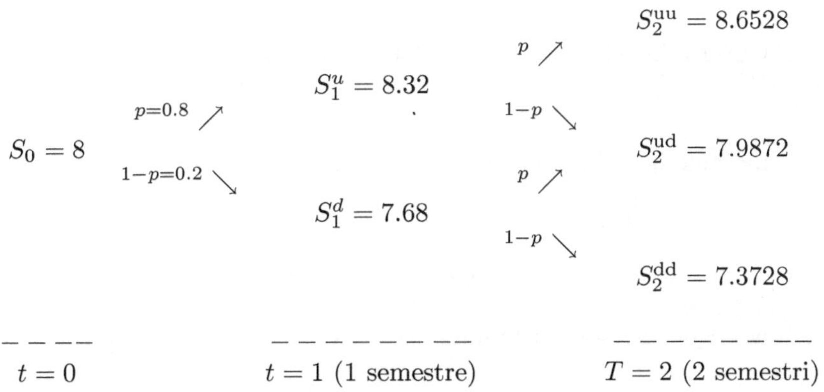

$$
\begin{array}{ccccc}
 & & & & S_2^{uu} = 8.6528 \\
 & & & {\scriptstyle p} \nearrow & \\
 & & S_1^u = 8.32 & & \\
 & {\scriptstyle p=0.8} \nearrow & & {\scriptstyle 1-p} \searrow & \\
S_0 = 8 & & & & S_2^{ud} = 7.9872 \\
 & {\scriptstyle 1-p=0.2} \searrow & & {\scriptstyle p} \nearrow & \\
 & & S_1^d = 7.68 & & \\
 & & & {\scriptstyle 1-p} \searrow & \\
 & & & & S_2^{dd} = 7.3728 \\
\end{array}
$$

$$t = 0 \qquad\qquad t = 1 \text{ (1 semestre)} \qquad\qquad T = 2 \text{ (2 semestri)}$$

Dal momento che il tasso d'interesse semestrale equivalente ad un tasso annuo r_{anno} del 15% è $r_{sem} = (1 + r_{anno})^{1/2} - 1 = 0.072$, quindi $1 + r_{sem} = 1.072 > u = 1.04$, si deduce che nel mercato formato dal titolo azionario, dal titolo privo di rischio e dall'opzione americana esistono opportunità di arbitraggio. Qui di seguito ne costruiamo una:

$t = 0$	$t = 2 = T$
vendiamo allo scoperto l'azione $\Rightarrow +S_0$	restituiamo l'azione $-S_T$
investiamo S_0 al tasso r $\Rightarrow -S_0$	$S_0(1 + r_{sem})^2$
$S_0 - S_0 = 0$	$S_0(1 + r_{sem})^2 - S_T > S_0 u^2 - S_T \geq 0$

ed inoltre

$$P\left(S_0 u^2 - S_T > 0\right) = P\left(\{S_2 = S_0 ud\} \cup \{S_2 = S_0 d^2\}\right) =$$
$$= 2p(1-p) + (1-p)^2 > 0.$$

Di conseguenza la strategia precedente è un'opportunità di arbitraggio.

5. Dal punto precedente e dal Primo Teorema Fondamentale dell'Asset Pricing si deduce immediatamente che non esiste una misura equivalente di martingala nel modello considerato. Di conseguenza, non si possono valutare le opzioni considerate come nei punti 2. e 3.

   La non esistenza di una misura equivalente di martingala può anche essere provata direttamente. Infatti: se tale misura (diciamo Q) dovesse esistere, allora la seguente condizione dovrebbe essere soddisfatta:

   $$\frac{E_Q[S_1]}{1 + r_{sem}} = S_0.$$

   Ovvero dovrebbe esistere $q_u \in [0, 1]$ tale che

   $$S_0 u q_u + S_0 d (1 - q_u) = S_0 (1 + r_{sem}).$$

   Siccome quest'ultima equazione è equivalente a

   $$u q_u + d(1 - q_u) = 1 + r_{sem}$$
   $$q_u = \frac{1 + r_{sem} - d}{u - d} > \frac{u - d}{u - d} = 1,$$

   ne segue che non esiste una misura equivalente di martingala.

Esercizio 6.2

Un'opzione è scritta su un sottostante azionario che non paga dividendi ed il cui prezzo corrente è 10 euro. Su ognuno dei prossimi due semestri il prezzo dell'azione potrà crescere del 25% oppure decrescere del 20%, il tasso d'interesse risk-free è del 4% annuo e lo strike dell'opzione di cui sopra è pari a 11 euro.

1. Qual è il prezzo iniziale di una Put europea scritta su tale sottostante e di scadenza un anno?

2. È ottimale esercitare la Put americana corrispondente prima di scadenza? Qual è il suo prezzo?

3. Esiste una misura di probabilità P (diversa dalla misura di martingala) tale per cui il rapporto tra la probabilità (valutata rispetto alla misura P) di esercitare la Put europea e la probabilità di esercitare la Put americana sia uguale allo stesso rapporto ma con probabilità calcolate rispetto alla misura di martingala?

4. Supponiamo ora che l'azione sottostante paghi un dividendo di 1.5 euro tra 6 mesi.

   (a) Quanto costerebbero l'opzione Put americana e l'opzione Put europea di strike 11 euro?

   (b) Quanto varrebbe invece l'opzione americana di cui sopra se fosse una Call?

5. Sarebbe possibile che la differenza tra il prezzo iniziale della Put americana e quello della Call americana entrambe di strike 11 euro sia compreso tra 0.5 e 3 euro (estremi compresi)?

Svolgimento

Dai dati del problema si deduce che si è nell'ambito di un modello binomiale con fattore di crescita $u = 1.25$ e di decrescita $d = 0.8$ su ogni periodo (in questo caso semestre). Il prezzo dell'azione può allora evolvere nel tempo come segue:

$$S^{uu}_{1\text{ anno}} = 15.625$$

$$S^{u}_{6\text{ mesi}} = 12.5$$

$$S_0 = 10$$

$$S^{ud}_{1\text{ anno}} = 10$$

$$S^{d}_{6\text{ mesi}} = 8$$

$$S^{dd}_{1\text{ anno}} = 6.4$$

$$t = 0 \qquad t = 6\text{ mesi} \qquad T = 1\text{ anno}$$

Si ottiene inoltre che la probabilità neutrale al rischio, utile per determinare il prezzo delle opzioni, corrisponde alle seguenti probabilità (di crescita/decrescita su ogni periodo):

$$q_u = \frac{(1+r)^{1/2} - d}{u - d} = \frac{\sqrt{1.04} - 0.9}{1.2 - 0.9} = 0.4$$

$$1 - q_u = 0.6$$

1. Siccome il payoff dell'opzione Put europea è 0, 1 e 4.6 (quando $S_T = 15.625$, $S_T = 10$ e $S_T = 6.4$ rispettivamente), da quanto osservato sopra si deduce che il prezzo iniziale della Put europea è pari a

$$P_0^{Eur} = \frac{1}{1+r}\left[q_u^2 \cdot 0 + 2q_u(1 - q_u) \cdot 1 + (1 - q_u)^2 \cdot 4.6\right] = 1.64 \text{ euro}.$$

2. Verifichiamo ora se è ottimale o no l'esercizio della Put americana prima di scadenza. Per fare ciò procediamo a ritroso nell'albero e consideriamo ogni sottoalbero uniperiodale.

Ad ogni nodo dell'albero assegniamo un nome per semplicità:

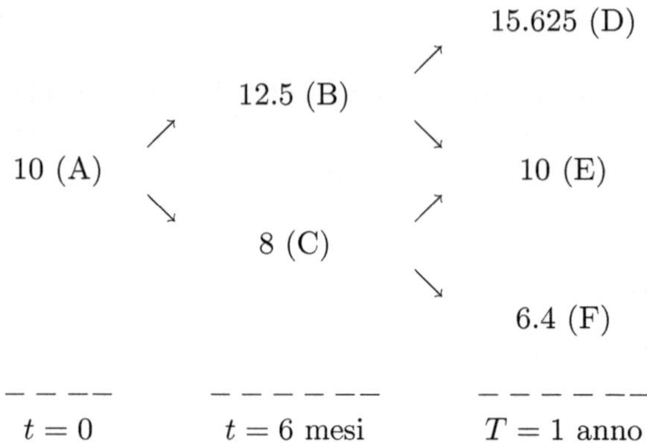

e per ogni nodo riportiamo il payoff della Put americana in oggetto:

$$
\begin{array}{c}
15.625\ (\text{D}) \\
\text{payoff} = 0 \\[2mm]
12.5\ (\text{B}) \\
\text{payoff} = 0 \\[2mm]
10\ (\text{A}) \qquad\qquad 10\ (\text{E}) \\
\text{payoff} = 0 \qquad \text{payoff} = 1 \\[2mm]
8\ (\text{C}) \\
\text{payoff} = 3 \\[2mm]
6.4\ (\text{F}) \\
\text{payoff} = 4.6
\end{array}
$$

Iniziamo a considerare il sottoalbero di nodi B, D ed E. L'opzione Put americana ristretta a questo sottoalbero "è più o meno come se fosse europea". Calcoliamo quindi il prezzo della Put europea corrispondente nei nodi B, D ed E. Per non creare confusione tra la Put europea del punto 1. (quella creata in 0 e con scadenza tra un anno) e le Put "fittizie" considerate ora, chiameremo queste ultime Europee(*).

Nei nodi D ed E il prezzo della Put coincide con il suo payoff, quindi

$$\begin{aligned}
P_{T,D}^{Eur^*} &= \text{payoff nel nodo D} = 0 \\
P_{T,E}^{Eur^*} &= \text{payoff nel nodo E} = 1 \\
P_{6mesi,B}^{Eur^*} &= \frac{1}{(1+r)^{1/2}}\left[q_u \cdot 0 + (1-q_u) \cdot 1\right] = 0.50
\end{aligned}$$

Siccome il payoff della Put americana nel nodo B è pari a 0, quindi inferiore al prezzo della Put Europea* in $t = 6$ mesi e di scadenza 1 anno ($P_{6mesi,B}^{Eur^*} = 0.50$), *non* è ottimale l'esercizio nel nodo B.

Il prezzo della Put americana in un nodo è pari al massimo tra il payoff dell'americana nel nodo ed il prezzo della Put Europea*. In altre parole, è pari al prezzo dell'Europea* quando non è ottimale l'esercizio anticipato, mentre è pari al payoff nel nodo quando è ottimale l'esercizio anticipato.

Si ha quindi che nei nodi B, D ed E:

$$\begin{aligned}
P_{T,D}^{Am} &= P_{T,D}^{Eur} = \text{payoff nel nodo D} = 0 \\
P_{T,E}^{Am} &= P_{T,E}^{Eur} = \text{payoff nel nodo E} = 1 \\
P_{6mesi,B}^{Am} &= \max\{P_{6mesi,B}^{Eur}; \text{payoff nel nodo B}\} = \max\{0.50; 0\} = 0.50
\end{aligned}$$

Consideriamo ora il sottoalbero di nodi C, E ed F. L'opzione Put americana ristretta a questo sottoalbero "è più o meno come se fosse europea". Calcoliamo quindi il prezzo della Put Europea* corrispondente nei nodi C, E ed F.

Nei nodi E ed F il prezzo coincide con il payoff, quindi

$$\begin{aligned}
P_{T,E}^{Eur^*} &= \text{payoff nel nodo D} = 1 \\
P_{T,F}^{Eur^*} &= \text{payoff nel nodo D} = 4.6 \\
P_{6mesi,C}^{Eur^*} &= \frac{1}{(1+r)^{1/2}}\left[q_u \cdot 1 + (1-q_u) \cdot 4.6\right] = 2.79
\end{aligned}$$

Siccome il payoff della Put americana nel nodo C è pari a 3, quindi superiore al prezzo della Put Europea* in $t = 6$ mesi e di scadenza un anno ($P_{6mesi,C}^{Eur^*} = 2.79$), è ottimale l'esercizio nel nodo C.

Il prezzo della Put americana nei nodi C, E ed F è allora pari a:

$$\begin{aligned}
P_{T,E}^{Am} &= P_{T,E}^{Eur^*} = \text{payoff nel nodo E} = 1 \\
P_{T,F}^{Am} &= P_{T,F}^{Eur^*} = \text{payoff nel nodo F} = 4.6 \\
P_{6mesi,C}^{Am} &= \max\{P_{6mesi,C}^{Eur^*}; \text{payoff nel nodo C}\} = \max\{2.79; 3\} = 3
\end{aligned}$$

Consideriamo infine il sottoalbero di nodi A, B e C. L'opzione Put americana ristretta a questo sottoalbero "è più o meno come se fosse europea". Calcoliamo quindi il prezzo della Put Europea* corrispondente nei nodi A, B e C.

Nei nodi B e C il prezzo coincide con quello dell'americana in quei punti e calcolato prima, quindi

$$
\begin{aligned}
P^{Eur^*}_{6mesi,B} &= P^{Am}_{6mesi,B} = 0.50 \\
P^{Eur^*}_{6mesi,C} &= P^{Am}_{6mesi,C} = 3 \\
P^{Eur^*}_{0,A} &= \frac{1}{(1+r)^{1/2}} \left[q_u \cdot 0.50 + (1 - q_u) \cdot 3 \right] = 1.75
\end{aligned}
$$

Siccome il payoff della Put americana nel nodo A è nullo, quindi inferiore al prezzo della Put Europea* in $t = 0$ e di scadenza $t = 6$ mesi ($P^{Eur^*}_{0,A} = 1.75$), *non* è ottimale l'esercizio nel nodo A.

Si deduce infine che il prezzo della Put americana nel nodo A è pari a:

$$
P^{Am}_{0,A} = \max\{P^{Eur^*}_{0,A}; \text{payoff nel nodo A}\} = \max\{1.75; 0\} = 1.75 \text{ euro.}
$$

Si noti che, come sembra ragionevole, il prezzo iniziale della Put americana è superiore a quello della corripondente Put europea (trovato in 1. e pari a 1.64 euro).

3. Ci chiediamo se esiste una misura di probabilità P (diversa dalla misura di martingala) tale per cui il rapporto tra la probabilità di esercitare la Put europea e la probabilità di esercitare la Put americana- probabilità calcolata rispetto a P- sia uguale allo stesso rapporto dove le probabilità sono calcolate rispetto alla misura di martingala (Q).

   Calcoliamo innanzitutto le probabilità- rispetto a Q- di esercitare la Put europea e di esercitare la Put americana:

$$
\begin{aligned}
Q\left(\{\text{esercitare Put europea}\}\right) &= \\
= Q\left(\{S_{1\ anno} = 10\} \cup \{S_{1\ anno} = 6.4\}\right) &= \\
= 2q_u\left(1 - q_u\right) + \left(1 - q_u\right)^2 &= 1 - q_u^2; \\
Q\left(\{\text{esercitare Put americana}\}\right) &= \\
= Q\left(\{S_{6\ mesi} = 8\} \cup \{S_{1\ anno} = 10\} \cup \{S_{1\ anno} = 6.4\}\right) &= \\
= 1 - q_u + Q\left(\{\text{esercitare Put europea}\}\right) &= 2 - q_u - q_u^2.
\end{aligned}
$$

Di conseguenza, il rapporto a cui siamo interessati è pari a

$$\frac{Q\,(\{\text{esercitare Put europea}\})}{Q\,(\{\text{esercitare Put americana}\})} = \frac{1 - q_u^2}{2 - q_u - q_u^2} = 0.598$$

In modo analogo si trova che se p (rispettivamente $(1 - p)$) rappresenta la probabilità di crescita (rispettivamente decrescita) del prezzo dell'azione su ogni periodo, allora

$$P\,(\{\text{esercitare Put europea}\}) = 1 - p^2$$
$$P\,(\{\text{esercitare Put americana}\}) = 2 - p - p^2.$$

Quindi

$$\frac{P\,(\{\text{esercitare Put europea}\})}{P\,(\{\text{esercitare Put americana}\})} = \frac{1 - p^2}{2 - p - p^2}.$$

È facile verificare che l'unica soluzione dell'equazione (di incognita p)

$$\frac{1 - p^2}{2 - p - p^2} = \frac{1 - q_u^2}{2 - q_u - q_u^2}$$

è $p = q_u$. Possiamo allora concludere che non esiste una misura di probabilità soddisfacente le proprietà richieste.

4. Nel caso in cui l'azione sottostante paghi un dividendo di 1.5 euro tra 6 mesi, abbiamo il seguente andamento del prezzo del sottostante:

$$S_0^{Div} = 10$$

$$S_{6\text{ mesi}}^{Div,u} = S_0 u - 1.5 = 11$$
$$S_{6\text{ mesi}}^{Div,d} = S_0 d - 1.5 = 6.5$$

$$S_{1\text{ anno}}^{Div,uu} = S_{6\text{ mesi}}^{Div,u} \cdot u = 13.75$$
$$S_{1\text{ anno}}^{Div,ud} = S_{6\text{ mesi}}^{Div,u} \cdot d = 8.8$$
$$S_{1\text{ anno}}^{Div,du} = S_{6\text{ mesi}}^{Div,d} \cdot u = 8.125$$
$$S_{1\text{ anno}}^{Div,dd} = S_{6\text{ mesi}}^{Div,d} \cdot d = 5.2$$

$$t = 0 \qquad\qquad t = 6 \text{ mesi} \qquad\qquad T = 1 \text{ anno}$$

(a) Riportiamo qui di seguito il payoff della Put americana e di quella europea di strike 11 euro:

$$13.75 \ (\text{nodo D})$$
$$\text{payoff}_{Am} = \text{payoff}_{Eur} = 0$$

$$11.5 \ (\text{nodo B})$$
$$\text{payoff}_{Am} = 0$$

$$8.8 \ (\text{nodo E})$$
$$\text{payoff}_{Am} = \text{payoff}_{Eur} = 2.2$$

$$10 \ (\text{nodo A})$$
$$\text{payoff}_{Am} = 0$$

$$8.125 \ (\text{nodo F})$$
$$\text{payoff}_{Am} = \text{payoff}_{Eur} = 2.875$$

$$6.5 \ (\text{nodo C})$$
$$\text{payoff}_{Am} = 4.5$$

$$5.2 \ (\text{nodo G})$$
$$\text{payoff}_{Am} = \text{payoff}_{Eur} = 5.8$$

Siccome

$$q_u = \frac{(1.04)^{1/2} - d}{u - d} = 0.488,$$

si ottiene che

$$P_{6 \text{ mesi}}^{Eur, \text{ B}} = \frac{1}{\sqrt{1.04}} \left[0 + (1 - q_u) \cdot 2.2\right] = 1.105$$

$$P_{6 \text{ mesi}}^{Eur, \text{ C}} = \frac{1}{\sqrt{1.04}} \left[q_u \cdot 2.875 + (1 - q_u) \cdot 5.8\right] = 4.288$$

Di conseguenza:

$$P_{6 \text{ mesi}}^{Am, \text{ B}} = \max\{P_{6 \text{ mesi}}^{Eur, \text{ B}}; \text{payoff}_{Am; \text{ nodo B}}\} = \max\{1.105; 0\} = 1.105$$

$$P_{6 \text{ mesi}}^{Am, \text{ C}} = \max\{P_{6 \text{ mesi}}^{Eur, \text{ C}}; \text{payoff}_{Am; \text{ nodo C}}\} = \max\{4.288; 4.5\} = 4.5$$

Si ha infine che

$$P_0^{Eur} = \frac{1}{\sqrt{1.04}} \left[q \cdot 1.105 + (1 - q) \cdot 4.288\right] = 2.682 \ \text{euro}$$

$$P_0^{Am} = \frac{1}{\sqrt{1.04}} \left[q \cdot 1.105 + (1 - q) \cdot 4.5\right] = 2.788 \ \text{euro}$$

(b) Se invece che di tipo Put l'opzione americana del punto precedente fosse stata di tipo Call, avremmo avuto quanto segue.

$$
\begin{array}{ll}
 & \text{13.75 (nodo D)} \\
 & \text{payoff}_{\text{Call Am}} = 2.75 \\[4pt]
\text{11.5 (nodo B)} & \\
\text{payoff}_{\text{Call Am}} = 0.5 & \\[4pt]
 & \text{8.8 (nodo E)} \\
 & \text{payoff}_{\text{Call Am}} = 0 \\[4pt]
\text{10 (nodo A)} & \\
\text{payoff}_{\text{Call Am}} = 0 & \\[4pt]
 & \text{8.125 (nodo F)} \\
 & \text{payoff}_{\text{Call Am}} = 0 \\[4pt]
\text{6.5 (nodo C)} & \\
\text{payoff}_{\text{Call Am}} = 0 & \\[4pt]
 & \text{5.2 (nodo G)} \\
 & \text{payoff}_{\text{Call Am}} = 0
\end{array}
$$

Procedendo come sopra, si ottiene allora che

$$
\begin{aligned}
C_{6\ \text{mesi}}^{Eur,\ \text{B}} &= \frac{1}{\sqrt{1.04}}\left[q_u \cdot 2.75 + 0\right] = 1.316 \\
C_{6\ \text{mesi}}^{Eur,\ \text{C}} &= 0
\end{aligned}
$$

Di conseguenza:

$$
\begin{aligned}
C_{6\ \text{mesi}}^{Am,\ \text{B}} &= \max\{C_{6\ \text{mesi}}^{Eur,\ \text{B}};\ \text{payoff}_{\text{Call Am; nodo B}}\} \\
&= \max\{1.316; 0.5\} = 1.316 \\
C_{6\ \text{mesi}}^{Am,\ \text{C}} &= \max\{C_{6\ \text{mesi}}^{Eur,\ \text{C}};\ \text{payoff}_{\text{Call Am; nodo C}}\} = 0
\end{aligned}
$$

Si ha infine che

$$
C_0^{Am} = \frac{1}{\sqrt{1.04}}\left[q_u \cdot 1.316 + 0\right] = 0.629
$$

5. Dai punti precedenti si ottiene immediatamente che

$$
P_0^{Am} - C_0^{Am} = 2.788 - 0.629 = 2.159 \in [0.5; 3]\,.
$$

Di conseguenza, la differenza tra il prezzo iniziale della Put americana e quello della Call americana entrambe di strike 11 euro è compresa tra 0.5 e 3 euro (estremi compresi).

Alla stessa conclusione si sarebbe arrivati anche senza calcolare i prezzi delle due opzioni. È noto infatti che

$$
\frac{E}{1+r} - S_0 < P_0^{Am} - C_0^{Am} < D + E - S_0,
$$

dove D è il valore attuale dei dividendi pagati tra la data iniziale 0 e quella di maturità T. Nel nostro caso si ha allora $D = \frac{1.5}{\sqrt{1.04}} = 1.471$ e

$$0.577 = \frac{E}{1+r} - S_0 < P_0^{Am} - C_0^{Am} < D + E - S_0 = 2.471$$

6.3   Esercizi proposti

$\boxed{\text{Es. 6.3}}$ Il prezzo odierno di un'azione è 40 euro. Alla fine del primo anno tale azione potrà valere 42 o 36 euro. I fattori di crescita e decrescita del prezzo dell'azione negli anni successivi rimarranno gli stessi di quelli del primo anno ed il tasso d'interesse risk-free è del 4% annuo.

(a) Si calcoli il prezzo della Put americana di maturità 2 anni e strike 40 euro. Sarebbe ottimale esercitarla prima di scadenza?

(b) Che cosa cambierebbe se venisse pagato un dividendo di 1 euro dopo un anno ed un altro di 3 euro dopo due anni? Sarebbe più costosa la Put americana o la Call americana?

(c) Per quale opzione americana è più probabile un esercizio anticipato? O è indifferente?

(d) Si calcolino i prezzi di Call e Put americane come sopra ma nel caso in cui la scadenza sia posticipata di due anni.

(e) È possibile determinare un diverso valore del fattore di crescita periodale tale per cui il prezzo iniziale della Call di maturità due anni e strike 40 euro sull'azione senza dividendi sia uguale al prezzo iniziale della Call americana come sopra ma sull'azione con gli stessi dividendi del punto (b)?

Capitolo 7

Opzioni Esotiche

7.1 Richiami di teoria

Definiamo *opzione esotica* un'opzione che non sia semplicemente un'opzione europea né un'opzione americana di tipo Call o Put.

Definiamo opzione *path-dependent* (dipendente dal cammino) un'opzione il cui valore finale (payoff) non dipenda soltanto dal valore assunto dal sottostante alla scadenza, ma da uno o più valori che esso abbia assunto durante l'intervallo di tempo relativo alla durata dell'opzione medesima.

Benché le due classi di opzioni (esotiche e path-dependent) non coincidano, la maggior parte delle opzioni esotiche risultano essere path-dependent e viceversa.

Tra le opzioni esotiche non path-dependent ricordiamo le opzioni digitali, o binarie, e le opzioni "a scelta" (o chooser).

- *Opzioni digitali* (o *binarie*). Il tipo più noto di opzione binaria è quello noto con il nome di "cash or nothing" Call. Essa garantisce al possessore una somma prefissata K se il valore del sottostante alla scadenza supera un certo valore di soglia L, mentre non garantisce nulla se il valore del sottostante alla scadenza è al di sotto della soglia stabilita.

  Il payoff di tale opzione è quindi

  $$K\mathbf{1}_{\{S_T \geq L\}} = K \cdot H(S_T - L),$$

  dove la funzione H è la funzione "gradino" di Heaviside definita come segue:

  $$H(x) = \begin{cases} 0, & x < 0 \\ 1, & x \geq 0 \end{cases} \tag{7.1}$$

  Un altro tipo di opzioni binarie è quello detto "asset or nothing" Call. Questa opzione a scadenza ha valore nullo se il prezzo del sottostante è al di sotto del valore di soglia L, mentre ha valore pari a quello del sottostante se esso è al di sopra. Il payoff di questo secondo tipo di opzioni binarie è dato pertanto dall'espressione:

$$S_T \mathbf{1}_{\{S_T \geq L\}} = S_T \cdot H(S_T - L). \tag{7.2}$$

- *Opzioni "a scelta"* (o *chooser*) sono opzioni su opzioni per le quali il possessore ha il diritto di scegliere alla scadenza $T_1 < T_2$ se utilizzare l'opzione sottostante come Put o come Call. L'opzione scelta verrà eventualmente esercitata al prezzo di esercizio E_2 alla scadenza T_2.

Tali opzioni si valutano come le opzioni europee, ma con la condizione finale seguente:

$$F(S_{T_2}, T_2) = \max \left\{ C(S_{T_2}, T_2) - E_2; P(S_{T_2}, T_2) - E_2; 0 \right\}.$$

Tra le opzioni path-dependent vedremo alcuni esercizi sulle opzioni asiatiche, sulle opzioni barriera e sulle opzioni retrospettive (o Lookback).

- *Opzioni asiatiche* sono opzioni il cui payoff dipende dalla media dei valori assunti dal sottostante durante la durata del contratto relativo all'opzione stessa.

Si possono avere diversi tipi di opzione asiatiche a seconda che la media utilizzata per il calcolo sia la media aritmetica o la media geometrica e che il campionamento sia continuo o discreto.

Una ulteriore distinzione è basata sul fatto che la media suddetta compaia nel payoff al posto del prezzo del sottostante o del prezzo di esercizio. Nel primo caso si parlerà di opzioni del tipo *average rate*, nel secondo di *average strike*.

È possibile inquadrare il problema di valutazione per questo tipo di opzioni nell'ambito del modello di Black-Scholes e per alcuni casi particolari esistono soluzioni in forma chiusa per le soluzioni delle corrispondenti equazioni alla derivate parziali. Tali soluzioni hanno tuttavia una forma poco maneggevole ai fini del loro utilizzo. Noi ci limiteremo pertanto a fornire qualche esempio di valutazione nell'ambito del modello binomiale.

- *Opzioni barriera* sono opzioni aventi lo stesso valore finale delle opzioni europee, ma con la limitazione che esse cessano di esistere (o cominciano ad esistere) non appena il sottostante raggiunge un certo valore di soglia dal di sotto o dal di sopra. Nel primo caso si parla di *opzioni up-and-out*, nel secondo di *down-and-out* (o, rispettivamente, *up-and-in* e *down-and-in*).

Per le opzioni barriera sono disponibili formule di valutazione esplicite che richiamiamo qui di seguito nel caso di opzioni Call.

– *Valutazione di una Call down-and-out*

$$F_{DO}(S_t,t) = C(S_t,t) - \left(\frac{L}{S_t}\right)^{\frac{2r}{\sigma^2}-1} C\left(\frac{L^2}{S_t},t\right) \qquad (7.3)$$

dove $C(S_t,t)$ è il valore di un'opzione Call europea sul medesimo sottostante e con gli stessi parametri (prezzo di esercizio, data di scadenza e tasso di interesse privo di rischio) dell'opzione barriera e L è il valore della barriera stessa. La formula precedente vale nel caso in cui $E > L$.

Nel caso in cui $E < L$ la formula che fornisce il valore di una Call del tipo down-and-out è la seguente:

$$\begin{aligned}
F_{DO}(S_t,t) &= S_t\left[N(d_3) - b(1 - N(d_6))\right] \\
&\quad -Ee^{-r(T-t)}\left[N(d_4) - a(1 - N(d_5))\right], \qquad (7.4)
\end{aligned}$$

dove le quantità a, b, d_3, d_4, d_5, d_8 sono definite come segue:

$$a = \left(\frac{L}{S_t}\right)^{\frac{2r}{\sigma^2}-1}, \quad b = \left(\frac{L}{S_t}\right)^{\frac{2r}{\sigma^2}+1} \qquad (7.5)$$

$$d_3 = \frac{\ln\left(\frac{S_t}{L}\right) + \left(r + \frac{\sigma^2}{2}\right)(T-t)}{\sigma\sqrt{T-t}} \qquad (7.6)$$

$$d_4 = \frac{\ln\left(\frac{S_t}{L}\right) + \left(r - \frac{\sigma^2}{2}\right)(T-t)}{\sigma\sqrt{T-t}} \qquad (7.7)$$

$$d_5 = \frac{\ln\left(\frac{S_t}{L}\right) - \left(r - \frac{\sigma^2}{2}\right)(T-t)}{\sigma\sqrt{T-t}} \qquad (7.8)$$

$$d_6 = \frac{\ln\left(\frac{S_t}{L}\right) - \left(r + \frac{\sigma^2}{2}\right)(T-t)}{\sigma\sqrt{T-t}} \qquad (7.9)$$

– *Valutazione di una Call up-and-out*

Per opzioni barriera Call di tipo up-and-out, in cui $U > E$, l'espressione che fornisce il valore all'istante t è la seguente:

$$\begin{aligned}
F_{UO}(S_t,t) &= C(S_t,t) - S_t\left[N(d_3) + b(N(d_6) - N(d_8))\right] \\
&\quad +Ee^{-r(T-t)}\left[N(d_4) + a(N(d_5) - N(d_7))\right] \qquad (7.10) \\
&= S_t\left[N(d_1) - N(d_3) - b(N(d_6) - N(d_8))\right] + \qquad (7.11) \\
&\quad -Ee^{-r(T-t)}\left[N(d_2) - N(d_4) - a(N(d_5) - N(d_7)\right], \qquad (7.12)
\end{aligned}$$

dove d_7 e d_8 sono definite come segue:

$$d_7 = \frac{\ln\left(\frac{S_t E}{U^2}\right) - \left(r - \frac{\sigma^2}{2}\right)(T-t)}{\sigma\sqrt{T-t}} \qquad (7.13)$$

$$d_8 = \frac{\ln\left(\frac{S_t E}{U^2}\right) - \left(r + \frac{\sigma^2}{2}\right)(T-t)}{\sigma\sqrt{T-t}} \qquad (7.14)$$

e le quantità d_3, d_4, d_5, d_6 sono definite come sopra, con U al posto di L. Si vede facilmente che il valore di una opzione Call del tipo up-and-out nel caso in cui $U < E$ è nullo.

– Per le corrispondenti opzioni del tipo "in" si possono ricavare facilmente le formule di valutazione dalle precedenti osservando che un portafoglio costituito da due opzioni barriera rispettivamente di tipo in e di tipo out sullo stesso sottostante, aventi lo stesso valore di barriera, lo stesso prezzo di esercizio e la stessa data di scadenza è equivalente ad un'opzione europea sul medesimo sottostante e con gli stessi parametri.

Si ricava per esempio, la formula seguente per un'opzione Call del tipo down-and-in nel caso in cui $E > L$:

$$F_{DI}(S_t,t) = \left(\frac{L}{S_t}\right)^{2r/\sigma^2-1} C\left(\frac{L^2}{S_t},t\right) \tag{7.15}$$

- *Opzioni retrospettive* (o *lookback*) sono opzioni il cui payoff assume una delle forme seguenti:

$$F_{PM}(S_T, S_{\max}, T) = \max\left\{S_{\max} - S_T; 0\right\} = \max\left\{M - S_T, 0\right\} \tag{7.16}$$

per la Put, mentre per la Call:

$$F_{Cm}(S_T, S_{\min}, T) = \max\left\{S_T - S_{\min}; 0\right\} = \max\left\{S_T - m, 0\right\}, \tag{7.17}$$

dove $m = S_{\min}$, $M = S_{\max}$ rappresentano rispettivamente il valore minimo e il valore massimo assunti dal sottostante tra la data di inizio e quella di scadenza dell'opzione. Osserviamo che M e m "corrispondono allo strike" di un'opzione Put e Call europea, rispettivamente.

Sono disponibili espressioni in forma chiusa per il valore delle opzioni retrospettive qui considerate, formule chiuse ottenibili mediante tecniche di riduzione per similarità. Le richiamiamo qui di seguito per completezza:

$$\begin{aligned}
F_{Cm}(S_t, m, t) \ &= S_t N(d_1) - me^{-r(T-t)}N(d_2) + S_t e^{-r(T-t)}\frac{\sigma^2}{2r} \\
&\quad \cdot \left[\left(\tfrac{S_t}{m}\right)^{-2r/\sigma^2} N(-d_1 + \tfrac{2r}{\sigma}\sqrt{T-t}) - e^{r(T-t)}N(-d_1)\right] \\
F_{PM}(S_t, M, t) \ &= Me^{-r(T-t)}N(-d_2) - S_t N(-d_1) + S_t e^{-r(T-t)}\frac{\sigma^2}{2r} \\
&\quad \cdot \left[-\left(\tfrac{S_t}{M}\right)^{-2r/\sigma^2} N(d_1 - \tfrac{2r}{\sigma}\sqrt{T-t}) + e^{r(T-t)}N(d_1)\right]
\end{aligned}$$

Per le opzioni retrospettive forniremo tuttavia esempi di valutazione soltanto nell'ambito del modello binomiale.

Rimandiamo il lettore interessato ad un approfondimento sistematico ai metodi di valutazione utilizzati per opzioni esotiche ai testi di El Karoui [6], Hull [8], M. Musiela, M. Rutkowski [11] e Wilmott, Howison, Dewynne [16].

7.2   Esercizi svolti

Esercizio 7.1

Si consideri un titolo azionario il cui prezzo è rappresentato da $(S_t)_{t\geq 0}$ ed il cui prezzo corrente è pari a 8 Euro. Nell'ambito del modello di Black-Scholes, si determini il valore di un'opzione digitale (binaria) del tipo Call "cash or nothing", scritta sul sottostante azionario di cui sopra, con scadenza fra tre mesi, sapendo che il tasso di interesse privo di rischio è $r = 0.04$ annuo, la volatilità $\sigma = 0.25$ annua, il prezzo di esercizio $L = 10$ Euro ed il compenso $K = 20$ Euro.

Si ricordi che nel caso di un'opzione Call "cash or nothing" il prezzo di esercizio L è il valore di soglia per il quale il contraente percepisce alla scadenza T il compenso K se il prezzo del sottostante $S_T \geq L$.

Svolgimento

Per calcolare il valore all'istante $t = 0$ di un'opzione binaria del tipo "cash or nothing" Call, possiamo utilizzare la solita formula di valutazione neutrale rispetto al rischio:

$$C_D(S_t, t) = e^{-r(T-t)} E_Q\left[\Phi(S_T)\right], \tag{7.18}$$

dove abbiamo indicato con C_D il valore dell'opzione binaria all'istante t, con Φ il suo payoff e con E_Q il valore atteso rispetto alla misura equivalente di martingala Q. Ricordiamo che nel caso di un'opzione binaria del tipo "cash or nothing" Call il payoff assume la forma seguente: $\Phi(S_T) = K \cdot H(S_T - L)$, dove L è il valore di soglia dell'opzione binaria e K è il compenso percepito nel caso in cui alla scadenza il prezzo del sottostante superi il valore di soglia.

Nel nostro caso si avrà:

$$C_D(S_t, t) =$$

$$= e^{-r(T-t)} \int_{-\infty}^{+\infty} K \cdot H\left(S_t \exp\left\{(r - \sigma^2/2)(T-t) + \sigma x\right\} - L\right) \frac{e^{-\frac{x^2}{2(T-t)}}}{\sqrt{2\pi(T-t)}}\, dx =$$

$$= e^{-r(T-t)} \int_{-\infty}^{+\infty} \frac{K}{\sigma\sqrt{2\pi(T-t)}} H(S_t e^z - L) \exp\left\{-\frac{\left(z - (r - \sigma^2/2)(T-t)\right)^2}{2\sigma^2(T-t)}\right\} dz,$$

dato che il modello di Black-Scholes postula per il sottostante una distribuzione di tipo lognormale. L'integrale nella formula precedente si può valutare come segue:

$$\int_{-\infty}^{+\infty} \frac{K \cdot H(S_t e^z - L)}{\sigma\sqrt{2\pi(T-t)}} \exp\left\{ -\frac{\left(z - (r - \sigma^2/2)(T-t)\right)^2}{2\sigma^2(T-t)} \right\} dz$$

$$= K \int_{\ln L - \ln S_t}^{+\infty} \exp\left\{ -\frac{\left(z - (r - \sigma^2/2)(T-t)\right)^2}{2\sigma^2(T-t)} \right\} \frac{dz}{\sigma\sqrt{2\pi(T-t)}} =$$

$$= K \int_{\frac{\ln L - \ln S_t - (r-\sigma^2/2)(T-t)}{\sigma\sqrt{T-t}}}^{+\infty} \frac{1}{\sqrt{2\pi}} e^{-\frac{u^2}{2}} du =$$

$$= K \left[1 - N\left(\frac{\ln(L/S_t) - (r - \sigma^2/2)(T-t)}{\sigma\sqrt{T-t}} \right) \right] =$$

$$= K \cdot N(d_2),$$

dove abbiamo indicato con N la funzione di ripartizione di una variabile aleatoria Normale standard e con d_2 il termine già presente nella formula di Black-Scholes per opzioni europee, i.e.

$$d_2 = \frac{\ln(S_t/L) + (r - \sigma^2/2)(T-t)}{\sigma\sqrt{T-t}}.$$

Il valore della Call "cash or nothing" sarà pertanto dato da

$$C_D(S_t, t) = Ke^{-r(T-t)} N(d_2).$$

Nel nostro caso si ha $t = 0$, $T = 1/4$, $S_0 = 8$, $K = 20$, $L = 10$, $r = 0.04$, $\sigma^2 = 0.0625$, per cui

$$d_2 = \frac{\ln(8/10) + (0.04 - 0.0625/2)\frac{1}{4}}{0.25 \cdot \sqrt{1/4}} = -1.767$$

$$C_D(0, 8) = 20 \cdot e^{-0.04 \cdot \frac{1}{4}} N(-1.767) = 0.764 \text{ euro}.$$

Esercizio 7.2

Si consideri un'opzione chooser (o "a scelta"), i.e. un'opzione sottoscritta al tempo iniziale 0 e con scadenza T_2 ed in cui alla data T_1 (con $T_1 < T_2$) il compratore potrà scegliere se preferisce una Call o una Put europea di scadenza T_2 e di strike E sul medesimo sottostante.

Si determini il valore di un'opzione chooser con scadenza $T_1 = 3$ mesi, $T_2 = 6$ mesi e prezzo di esercizio $E = 30$ Euro, sapendo che il valore del sottostante evolve come nel modello di Black-Scholes con $S_0 = 20$ Euro, volatilità $\sigma = 0.25$ annua, e sapendo che il tasso privo di rischio è $r = 0.06$ annuo.

Il valore di una opzione chooser può essere facilmente ottenuto mostrando che tale opzione è equivalente ad un portafoglio composto da una Call europea di scadenza T_1 e di prezzo di esercizio $Ee^{-r(T_2-T_1)}$ e da una Put europea di scadenza T_2 e prezzo di esercizio E (si veda Hull [8] per maggiori dettagli). Indicheremo con $C_0\left(Ee^{-r(T_2-T_1)};T_1\right)$ e $P_0\left(E;T_2\right)$ i prezzi iniziali delle opzioni di cui sopra.

Si ottiene pertanto che il prezzo iniziale Ch_0 dell'opzione chooser è pari a:

$$Ch_0 = P_0\left(E;T_2\right) + C_0\left(Ee^{-r(T_2-T_1)};T_1\right), \qquad (7.19)$$

i.e. alla somma dei prezzi iniziali delle opzioni Put e Call europee di cui sopra. Sostituendo i dati del problema, avremo:

$$Ch_0 = P_0(30,1/2) + C_0(30e^{-0.06\frac{1}{4}};1/4).$$

Applicando la formula di Black-Scholes per opzioni europee, ricaviamo che

$$\begin{aligned} C_0(30e^{-0.06\frac{1}{4}};1/4) &= 0.038 \\ P_0(30;1/2) &= 9.172, \end{aligned}$$

da cui deduciamo il prezzo iniziale dell'opzione chooser:

$$Ch_0 = 0.038 + 9.172 = 9.21 \text{ euro}.$$

Esercizio 7.3

Nell'ambito del modello di Black-Scholes si consideri un sottostante azionario di prezzo iniziale S_0 pari a 8 euro, drift annuo del 20%, volatilità annua σ del 36% ed in cui il tasso d'interesse r è pari al 4% annuo.

1. Si calcoli il prezzo di un'opzione barriera Call up-and-in e di una Call up-and-out con barriera $U = 12$ euro, strike $E = 9$ euro e scadenza $T = 4$ mesi.

2. Con quale probabilità tra due mesi il valore del sottostante supererà la barriera?

Svolgimento

1. Ricordiamo innanzitutto la formula di valutazione di un'opzione barriera Call up-and-out all'istante di tempo iniziale. Indicando con C_{UO} il prezzo di tale opzione e con C_0 il prezzo iniziale della Call europea corrispondente, dalla (7.4) abbiamo che

$$\begin{aligned} C_{UO,0} &= C_0 - S_0\left[N(d_3) + b(N(d_6) - N(d_8))\right] & (7.20) \\ &\quad + Ee^{-rT}\left[N(d_4) + a(N(d_5) - N(d_7))\right] & (7.21) \end{aligned}$$

con d_3, d_4, d_5, d_6, d_7 e d_8 definiti come in (7.5)-(7.14).

In base a tali formule, otteniamo che

$$a = \left(\frac{12}{8}\right)^{\frac{0.08}{(0.36)^2}-1} = 0.856; \quad b = \left(\frac{12}{8}\right)^{\frac{0.08}{(0.36)^2}+1} = 1.927$$

$$d_3 = \frac{\ln\left(\frac{8}{12}\right) + \left(0.04 + \frac{(0.36)^2}{2}\right)\frac{4}{12}}{0.36 \cdot \sqrt{\frac{4}{12}}} = -1.783$$

$$d_4 = \frac{\ln\left(\frac{8}{12}\right) + \left(0.04 - \frac{(0.36)^2}{2}\right)\frac{4}{12}}{0.36 \cdot \sqrt{\frac{4}{12}}} = -1.991$$

$$d_5 = \frac{\ln\left(\frac{8}{12}\right) - \left(0.04 - \frac{(0.36)^2}{2}\right)\frac{4}{12}}{0.36 \cdot \sqrt{\frac{4}{12}}} = -1.911$$

$$d_6 = \frac{\ln\left(\frac{8}{12}\right) - \left(0.04 + \frac{(0.36)^2}{2}\right)\frac{4}{12}}{0.36 \cdot \sqrt{\frac{4}{12}}} = -2.119$$

$$d_7 = \frac{\ln\left(\frac{8\cdot9}{(12)^2}\right) - \left(0.04 - \frac{(0.36)^2}{2}\right)\frac{4}{12}}{0.36 \cdot \sqrt{\frac{4}{12}}} = -3.295$$

$$d_8 = \frac{\ln\left(\frac{8\cdot9}{(12)^2}\right) - \left(0.04 + \frac{(0.36)^2}{2}\right)\frac{4}{12}}{0.36 \cdot \sqrt{\frac{4}{12}}} = -3.50$$

Dal momento che

$$d_1 = \frac{\ln(S_0/E) + (r + \frac{\sigma^2}{2})T}{\sigma\sqrt{T}} = -0.399$$

$$d_2 = d_1 - \sigma\sqrt{T} = -0.606,$$

ricaviamo che il prezzo iniziale della Call europea è pari a

$$C_0 = S_0 \cdot N(d_1) - Ee^{-rT} \cdot N(d_2) =$$
$$= 8 \cdot N(-0.399) - 9 \cdot e^{-0.04\cdot4/12} \cdot N(-0.606) =$$
$$= 0.342 \text{ euro.}$$

Deduciamo allora che il prezzo iniziale della Call up-and-out è pari a

$$C_{UO,0} = 0.20 \text{ euro.}$$

Per una relazione analoga a quella tra i prezzi di Call down-and-out, Call down-and-in e Call europea, abbiamo che

$$C_0 = C_{UI,0} + C_{UO,0}, \tag{7.22}$$

dove $C_{UI,0}$ indica il prezzo iniziale della Call up-and-in.

Dalla (7.22) deduciamo infine che

$$C_{UI,0} = C_0 - C_{UO,0} = 0.342 - 0.20 = 0.142 \text{ euro.}$$

Si osservi che sia il prezzo della Call up-and-in che quello della Call up-and-out sono inferiori a quello della Call europea. In generale, vale sempre che

$$C_0 \geq C_{DI,0}$$
$$C_0 \geq C_{DO,0}.$$

2. Vogliamo calcolare ora la probabilità con la quale tra due mesi il valore del sottostante supererà la barriera, i.e. $P(S_t \geq U)$ con $t = 2/12$ (2 mesi).

Dal momento che il prezzo del sottostante segue una legge lognormale (e nel nostro caso: $S_t = S_0 \exp\{(\mu - \sigma^2/2)\,t + \sigma W_t\}$), la probabilità richiesta è la seguente:

$$
\begin{aligned}
P(S_t \geq U) &= P(\ln(S_t) \geq \ln(U)) = \\
&= P\left(\ln(S_0) + \left(\mu - \frac{\sigma^2}{2}\right)t + \sigma W_t \geq \ln(U)\right) = \\
&= P\left(\frac{W_t}{\sqrt{t}} \geq \frac{\ln(U) - \ln(S_0) - \left(\mu - \frac{\sigma^2}{2}\right)t}{\sigma\sqrt{t}}\right) = \\
&= 1 - N\left(\frac{\ln(U) - \ln(S_0) - \left(\mu - \frac{\sigma^2}{2}\right)t}{\sigma\sqrt{t}}\right).
\end{aligned}
$$

Con i dati del problema ricaviamo allora che

$$
\begin{aligned}
P(S_{2mesi} \geq U) &= 1 - N\left(\frac{\ln(12) - \ln(8) - \left(0.2 - \frac{(0.36)^2}{2}\right)\frac{2}{12}}{0.36\sqrt{2/12}}\right) = \\
&= 1 - N(2.606) = 0.0046
\end{aligned}
$$

Esercizio 7.4

Nell'ambito di un modello binomiale, si consideri un'opzione Call Lookback di scadenza $T = 8$ mesi e scritta su un sottostante azionario che non paga dividendi ed il cui prezzo possa salire o scendere del 50% in ognuno dei prossimi 4 bimestri, con valore iniziale $S_0 = 10$ euro.

Si determini il prezzo iniziale dell'opzione considerata quando il tasso d'interesse è pari all'8% annuo. Con quale probabilità (neutrale al rischio) il payoff dell'opzione in esame è strettamente positivo?

Svolgimento

Dai dati del problema deduciamo che $u = 1.5$ (fattore di crescita) e che $d = 0.5$ (fattore di decrescita) e che $S_0 = 10$. Il prezzo del sottostante evolve pertanto come segue:

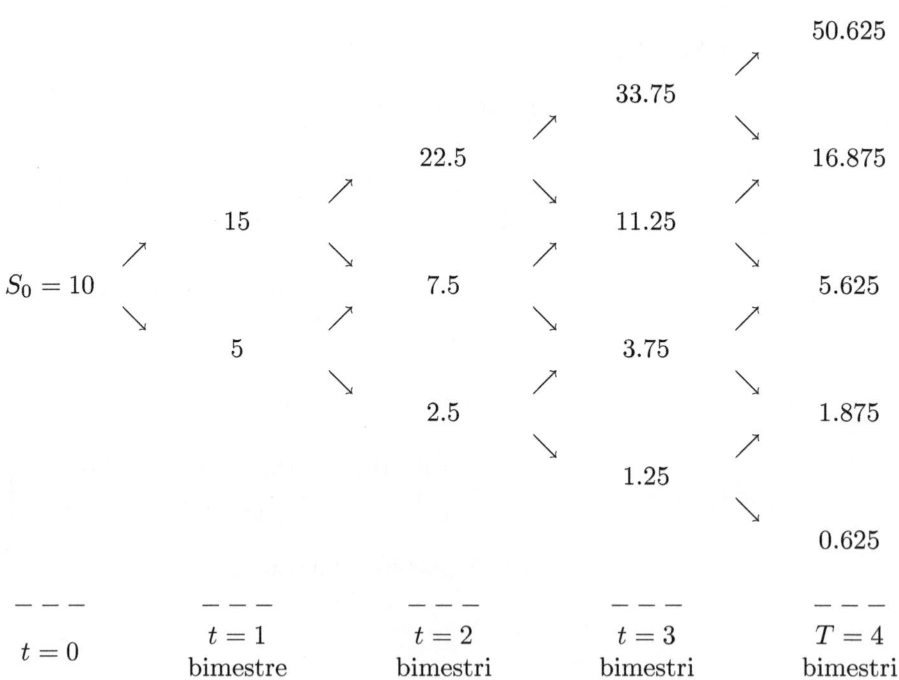

Per semplificare la notazione, chiameremo i nodi dell'albero precedente come di seguito:

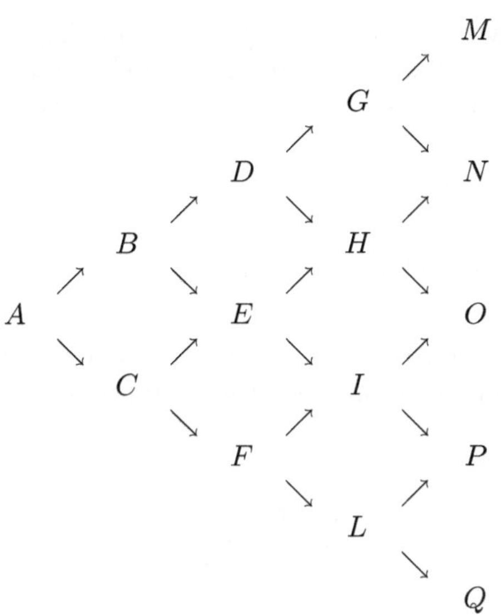

Ricordiamo quindi che il payoff di una Call Lookback è pari a $(S_T - S_{\min})$, dove $S_{\min}$ indica il valore minimo del sottostante tra il momento iniziale e la scadenza dell'opzione. Il prezzo iniziale di tale opzione su un sottostante che evolve secondo un modello binomiale sarà dato quindi da

$$F_{Cm}(0) = \frac{1}{(1+r)^T} E_Q \left[S_T - S_{\min} \right], \qquad (7.23)$$

dove Q denota la misura di probabilità neutrale al rischio.

Siccome poi il valore $S_{\min}$ dipende dalla "traiettoria" del prezzo del sottostante, dobbiamo esaminare separatamente tutti i cammini possibili sull'albero binomiale.

Prima di esaminare tutti i nodi finali possibili, calcoliamo la misura di probabilità (neutrale rispetto al rischio) rispetto alla quale calcolare poi il valore atteso. Come al solito, q_u è data da

$$q_u = \frac{(1+r)^{8/12} - d}{u - d} = \frac{(1.08)^{8/12} - 0.5}{1.5 - 0.5} = 0.553$$

Si ha quindi che $q_d = 1 - q_u = 0.447$.

Esaminiamo ora tutti i cammini possibili a partire dai nodi finali M, N, O, P e Q.

nodo finale: M Se il sottostante a scadenza valesse 50.625 (nodo M), allora l'unico cammino possibile per il prezzo del sottostante sarebbe quello in cui il prezzo sia sempre salito. In questo caso si avrebbe allora che

$$\left. \begin{array}{r} S_{\min} = 10 \\ S_T = 50.625 \end{array} \right\} \quad \Longrightarrow \quad S_T - S_{\min} = 40.625$$

La probabilità che ciò si realizzi sarebbe pari a $q_u^4 = 0.0935$.

nodo finale: Q Se il sottostante a scadenza valesse 0.625 (nodo Q), allora l'unico cammino possibile per il prezzo del sottostante sarebbe quello in cui il prezzo sia sempre sceso. In questo caso si avrebbe allora che

$$\left.\begin{array}{l} S_{\min} = 0.625 \\ S_T = 0.625 \end{array}\right\} \quad \Longrightarrow \quad S_T - S_{\min} = 0$$

La probabilità che ciò si realizzi sarebbe pari a $q_d^4 = (1 - q_u)^4 = 0.0399$.

nodo finale: N Se il sottostante a scadenza valesse 16.875 (nodo N), allora si avrebbero 4 cammini possibili per il prezzo del sottostante.

    a. Il prezzo evolve come segue

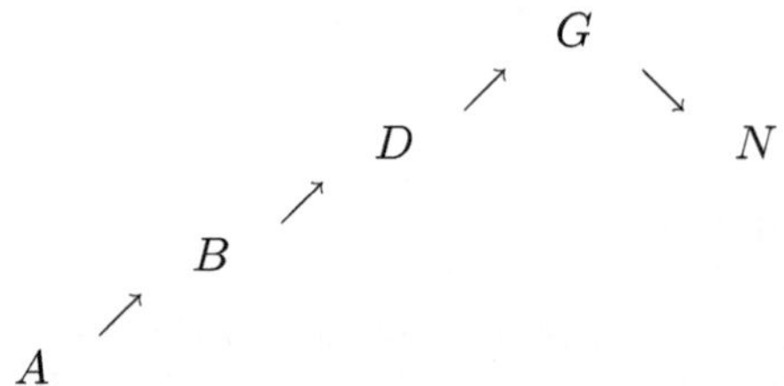

e la probabilità che ciò si realizzi è pari a $q_u^3 (1 - q_u) = 0.0756$. In questo caso si avrebbe allora che

$$\left.\begin{array}{l} S_{\min} = 10 \\ S_T = 16.875 \end{array}\right\} \quad \Longrightarrow \quad S_T - S_{\min} = 6.875$$

    b. Il prezzo evolve come segue

e la probabilità che ciò si realizzi è pari a $q_u^3 (1 - q_u) = 0.0756$. In questo caso si avrebbe allora che

$$\left.\begin{array}{l} S_{\min} = 10 \\ S_T = 16.875 \end{array}\right\} \quad \Longrightarrow \quad S_T - S_{\min} = 6.875$$

    c. Il prezzo evolve come segue

e la probabilità che ciò si realizzi è pari a $q_u^3 (1 - q_u) = 0.0756$. In questo caso si avrebbe allora che

$$\left.\begin{array}{l} S_{\min} = 7.5 \\ S_T = 16.875 \end{array}\right\} \implies S_T - S_{\min} = 9.375$$

d. Il prezzo evolve come segue

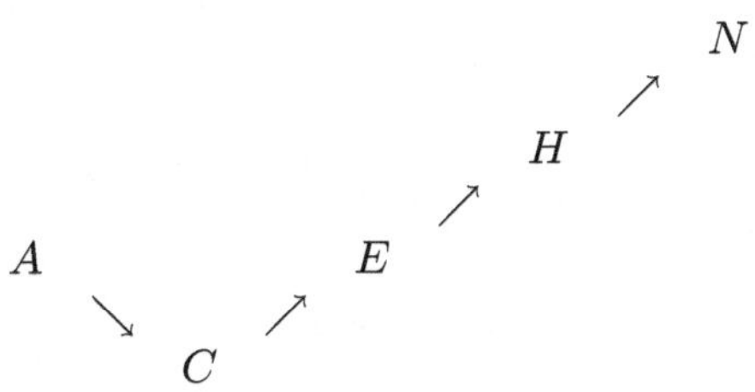

e la probabilità che ciò si realizzi è pari a $q_u^3 (1 - q_u) = 0.0756$. In questo caso si avrebbe allora che

$$\left.\begin{array}{l} S_{\min} = 5 \\ S_T = 16.875 \end{array}\right\} \implies S_T - S_{\min} = 11.875$$

nodo finale: O Se il sottostante a scadenza valesse 5.625 (nodo O), allora si avrebbero 6 cammini possibili per il prezzo del sottostante.

a. Il prezzo evolve come segue

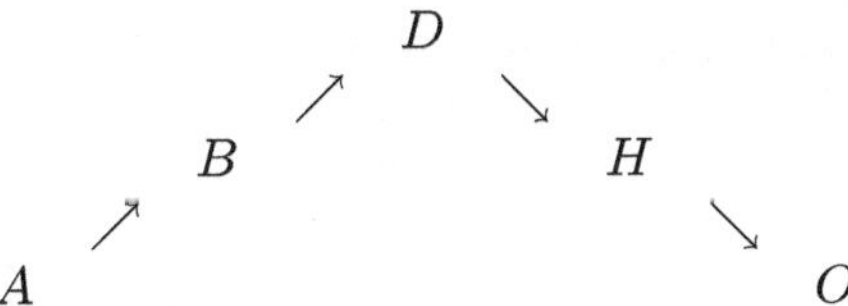

e la probabilità che ciò si realizzi è pari a $q_u^2 (1 - q_u)^2 = 0.0611$. In questo caso si avrebbe allora che

$$\left.\begin{array}{l} S_{\min} = 5.625 \\ S_T = 5.625 \end{array}\right\} \implies S_T - S_{\min} = 0$$

b. Il prezzo evolve come segue

e la probabilità che ciò si realizzi è pari a $q_u^2 (1 - q_u)^2 = 0.0611$. In questo caso si avrebbe allora che

$$\left.\begin{array}{l} S_{\min} = 5.625 \\ S_T = 5.625 \end{array}\right\} \implies S_T - S_{\min} = 0$$

c. Il prezzo evolve come segue

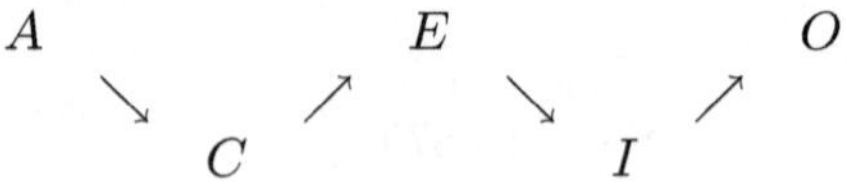

e la probabilità che ciò si realizzi è pari a $q_u^2 \left(1 - q_u\right)^2 = 0.0611$. In questo caso si avrebbe allora che

$$\left.\begin{array}{l} S_{\min} = 3.75 \\ S_T = 5.625 \end{array}\right\} \implies S_T - S_{\min} = 1.875$$

d. Il prezzo evolve come segue

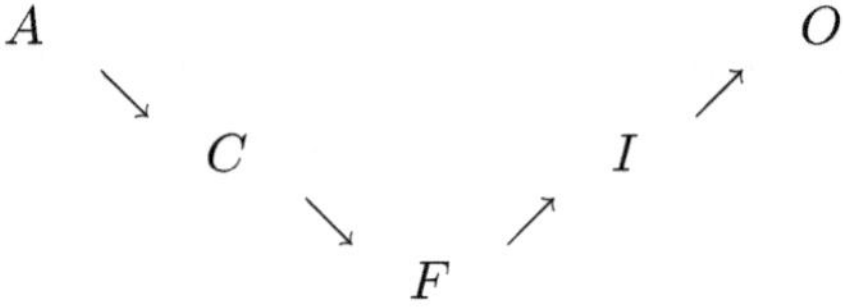

e la probabilità che ciò si realizzi è pari a $q_u^2 \left(1 - q_u\right)^2 = 0.0611$. In questo caso si avrebbe allora che

$$\left.\begin{array}{l} S_{\min} = 2.5 \\ S_T = 5.625 \end{array}\right\} \implies S_T - S_{\min} = 3.125$$

e. Il prezzo evolve come segue

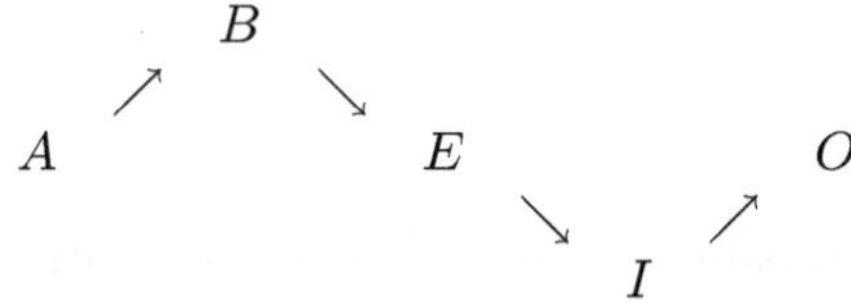

e la probabilità che ciò si realizzi è pari a $q_u^2 \left(1 - q_u\right)^2 = 0.0611$. In questo caso si avrebbe allora che

$$\left.\begin{array}{l} S_{\min} = 3.75 \\ S_T = 5.625 \end{array}\right\} \implies S_T - S_{\min} = 1.875$$

f. Il prezzo evolve come segue

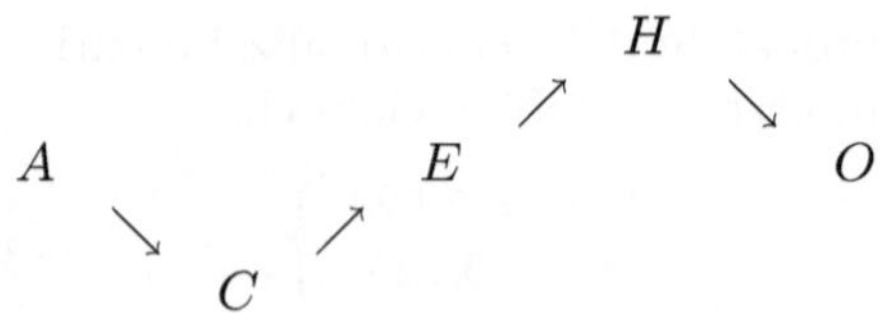

e la probabilità che ciò si realizzi è pari a $q_u^2 (1 - q_u)^2 = 0.0611$. In questo caso si avrebbe allora che

$$\left.\begin{array}{l} S_{\min} = 5 \\ S_T = 5.625 \end{array}\right\} \quad \Longrightarrow \quad S_T - S_{\min} = 0.625$$

nodo finale: P Se il sottostante a scadenza valesse 1.875 (nodo P), allora si avrebbero 4 cammini possibili per il prezzo del sottostante.

a. Il prezzo evolve come segue

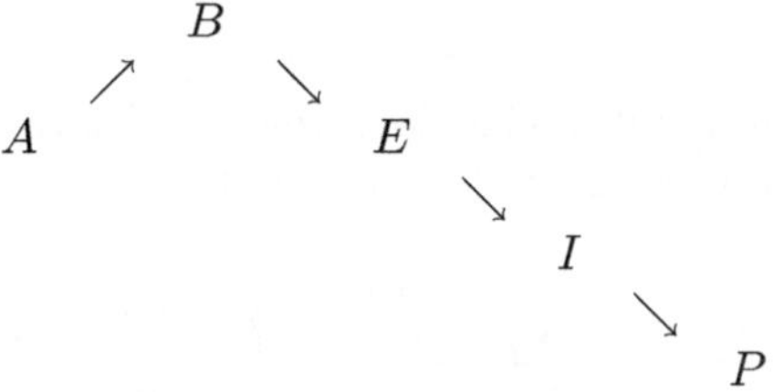

e la probabilità che ciò si realizzi è pari a $q_u (1 - q_u)^3 = 0.0494$. In questo caso si avrebbe allora che

$$\left.\begin{array}{l} S_{\min} = 1.875 \\ S_T = 1.875 \end{array}\right\} \quad \Longrightarrow \quad S_T - S_{\min} = 0$$

b. Il prezzo evolve come segue

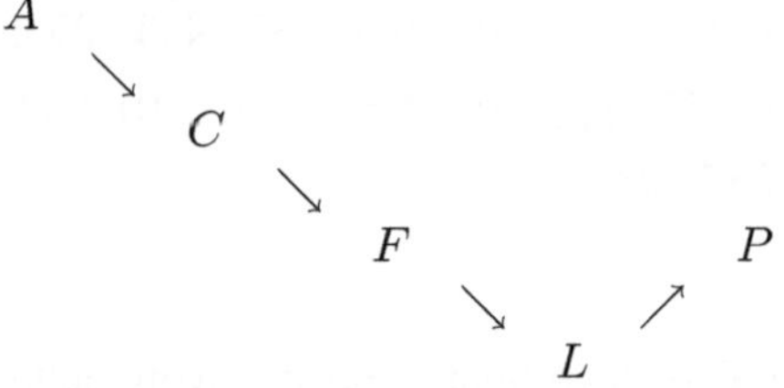

e la probabilità che ciò si realizzi è pari a $q_u (1 - q_u)^3 = 0.0494$. In questo caso si avrebbe allora che

$$\left.\begin{array}{l} S_{\min} = 1.25 \\ S_T = 1.875 \end{array}\right\} \quad \Longrightarrow \quad S_T - S_{\min} = 0.625$$

c. Il prezzo evolve come segue

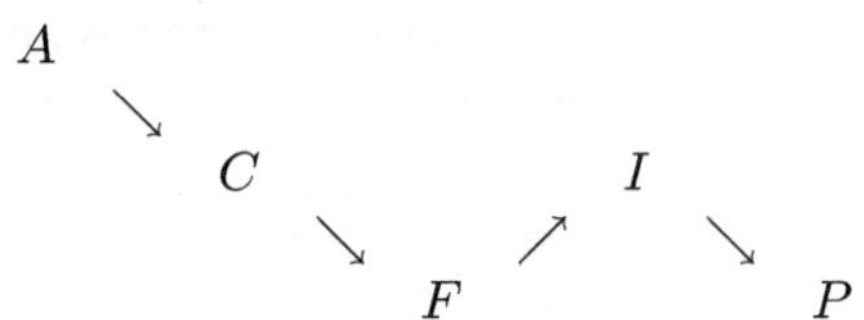

e la probabilità che ciò si realizzi è pari a $q\,(1-q)^3 = 0.0494$. In questo caso si avrebbe allora che

$$\left.\begin{array}{l} S_{\min} = 1.875 \\ S_T = 1.875 \end{array}\right\} \quad\Longrightarrow\quad S_T - S_{\min} = 0$$

d. Il prezzo evolve come segue

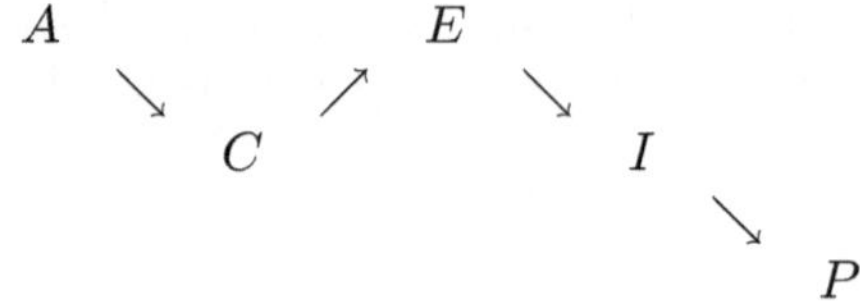

e la probabilità che ciò si realizzi è pari a $q_u\,(1-q_u)^3 = 0.0494$. In questo caso si avrebbe allora che

$$\left.\begin{array}{l} S_{\min} = 1.875 \\ S_T = 1.875 \end{array}\right\} \quad\Longrightarrow\quad S_T - S_{\min} = 0$$

In base a tutti casi appena esaminati possiamo concludere che il prezzo iniziale della Call Lookback è pari a

$$\begin{aligned}
F_{Cm}\,(0) \;=\;& \frac{1}{(1+r)^{8/12}}\,[q_u^4 \cdot 40.625 + q_u^3\,(1-q_u)\,(6.875 + 6.875 + 9.375 + 11.875) + \\
& +q_u^2\,(1-q_u)^2\,(0 + 0 + 1.875 + 3.125 + 1.875 + 0.625) + \\
& +q_u\,(1-q_u)^3\,(0 + 0.625 + 0 + 0) + (1-q_u)^4 \cdot 0] \\
\;=\;& 6.587 \text{ euro.}
\end{aligned}$$

Otteniamo inoltre facilmente che il payoff della Call Lookback è strettamente positivo con probabilità (neutrale al rischio) pari a

$$Q\,(\{\text{payoff} > 0\}) = q_u^4 + 4q_u^3\,(1-q_u) + 4q_u^2\,(1-q_u)^2 + q_u\,(1-q_u)^3 = 0.6897.$$

Esercizio 7.5

Con gli stessi dati dell'esercizio precedente e sempre nell'ambito del modello binomiale, si calcoli il valore di un'opzione asiatica del tipo Call "average strike".

Con quale probabilità neutrale al rischio il payoff di tale opzione è strettamente positivo?

Svolgimento

Un'opzione asiatica del tipo "average strike" è un'opzione il cui payoff a scadenza dipende dalla media dei valori assunti dal sottostante durante il periodo di durata dell'opzione medesima secondo l'espressione seguente

$$F_{AS}(S_T, S_{med}, T) = (S_T - S_{med})^+ = \max\left\{S_T - S_{med}; 0\right\}.$$

Assumeremo che la media sia quella aritmetica, per cui nel nostro modello binomiale a 4 periodi tale media sarà data da:

$$S_{med} = \frac{\sum_{t=1}^{4} S_t}{4}. \tag{7.24}$$

Riprendendo lo schema dell'esercizio precedente avremo le seguenti possibilità.

nodo finale: M Se il sottostante a scadenza valesse 50.625 (nodo M), allora l'unico cammino possibile per il prezzo del sottostante sarebbe quello in cui il prezzo sia sempre salito. In questo caso si avrebbe allora che

$$\left.\begin{array}{l} S_{med} = 30.469 \\ S_T = 50.625 \end{array}\right\} \quad \Longrightarrow \quad (S_T - S_{med})^+ = 20.156$$

La probabilità che ciò si realizzi sarebbe pari a $q_u^4 = 0.0935$.

nodo finale: Q Se il sottostante a scadenza valesse 0.625 (nodo Q), allora l'unico cammino possibile per il prezzo del sottostante sarebbe quello in cui il prezzo sia sempre sceso. In questo caso si avrebbe allora che

$$\left.\begin{array}{l} S_{med} = 2.344 \\ S_T = 0.625 \end{array}\right\} \quad \Longrightarrow \quad (S_T - S_{med})^+ = 0.$$

La probabilità che ciò si realizzi sarebbe pari a $q_d^4 = (1 - q_u)^4 = 0.0399$.

nodo finale: N Se il sottostante a scadenza valesse 16.875 (nodo N), allora si avrebbero 4 cammini possibili per il prezzo del sottostante.

a. Il prezzo evolve come segue

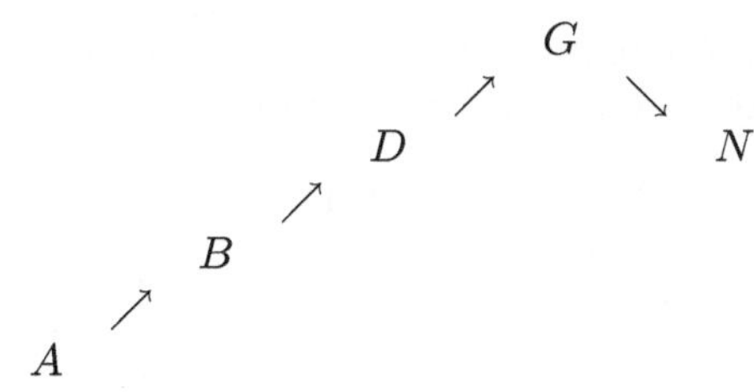

e la probabilità che ciò si realizzi è pari a $q_u^3\,(1 - q_u) = 0.0756$. In questo caso si avrebbe allora che

$$\left.\begin{array}{l} S_{med} = 22.031 \\ S_T = 16.875 \end{array}\right\} \implies (S_T - S_{med})^+ = 0$$

b. Il prezzo evolve come segue

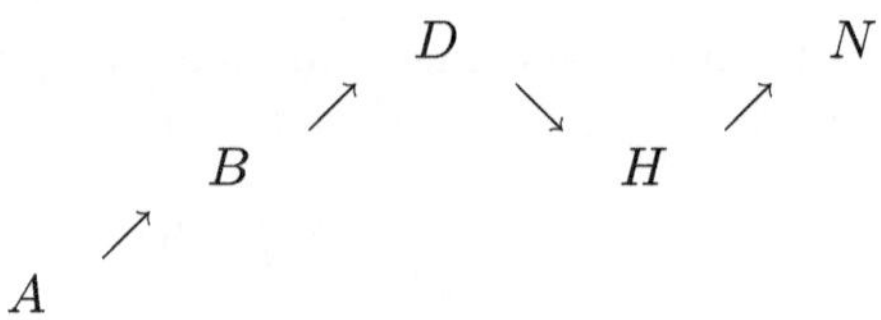

e la probabilità che ciò si realizzi è pari a $q_u^3\,(1 - q_u) = 0.0756$. In questo caso si avrebbe allora che

$$\left.\begin{array}{l} S_{med} = 16.406 \\ S_T = 16.875 \end{array}\right\} \implies (S_T - S_{med})^+ = 0.469$$

c. Il prezzo evolve come segue

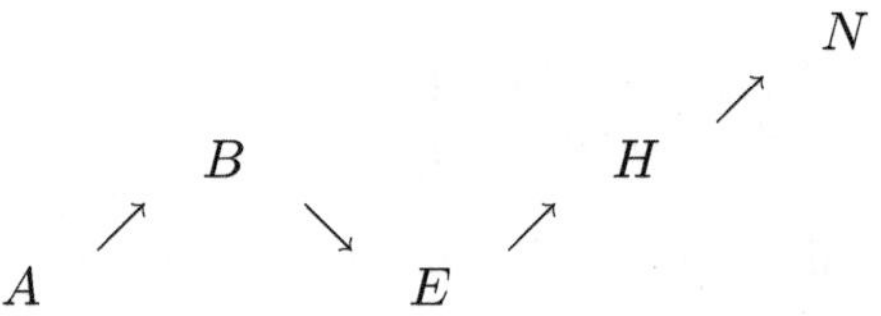

e la probabilità che ciò si realizzi è pari a $q_u^3\,(1 - q_u) = 0.0756$. In questo caso si avrebbe allora che

$$\left.\begin{array}{l} S_{med} = 12.656 \\ S_T = 16.875 \end{array}\right\} \implies (S_T - S_{med})^+ = 4.219$$

d. Il prezzo evolve come segue

e la probabilità che ciò si realizzi è pari a $q_u^3\,(1 - q_u) = 0.0756$. In questo caso si avrebbe allora che

$$\left.\begin{array}{l} S_{med} = 10.156 \\ S_T = 16.875 \end{array}\right\} \implies (S_T - S_{med})^+ = 6.719$$

<u>nodo finale: O</u> Se il sottostante a scadenza valesse 5.625 (nodo O), allora si avrebbero 6 cammini possibili per il prezzo del sottostante.

   a. Il prezzo evolve come segue

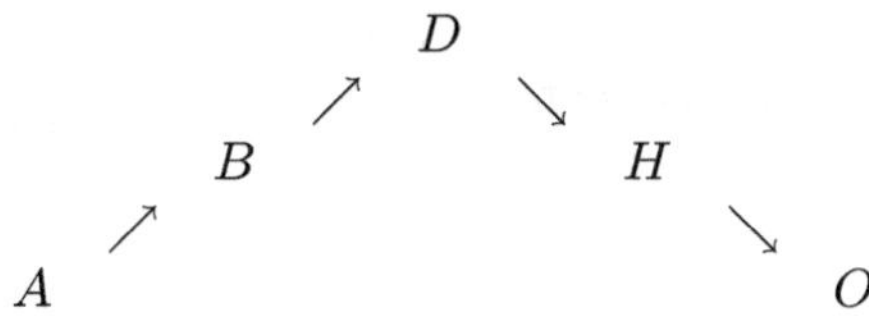

e la probabilità che ciò si realizzi è pari a $q^2 (1 - q)^2 = 0.0611$. In questo caso si avrebbe allora che

$$\left. \begin{array}{l} S_{med} = 13.594 \\ S_T = 5.625 \end{array} \right\} \quad \Longrightarrow \quad (S_T - S_{med})^+ = 0$$

   b. Il prezzo evolve come segue

e la probabilità che ciò si realizzi è pari a $q_u^2 (1 - q_u)^2 = 0.0611$. In questo caso si avrebbe allora che

$$\left. \begin{array}{l} S_{med} = 9.844 \\ S_T = 5.625 \end{array} \right\} \quad \Longrightarrow \quad (S_T - S_{med})^+ = 0$$

   c. Il prezzo evolve come segue

e la probabilità che ciò si realizzi è pari a $q_u^2 (1 - q_u)^2 = 0.0611$. In questo caso si avrebbe allora che

$$\left. \begin{array}{l} S_{med} = 5.469 \\ S_T = 5.625 \end{array} \right\} \quad \Longrightarrow \quad (S_T - S_{med})^+ = 0.156$$

   d. Il prezzo evolve come segue

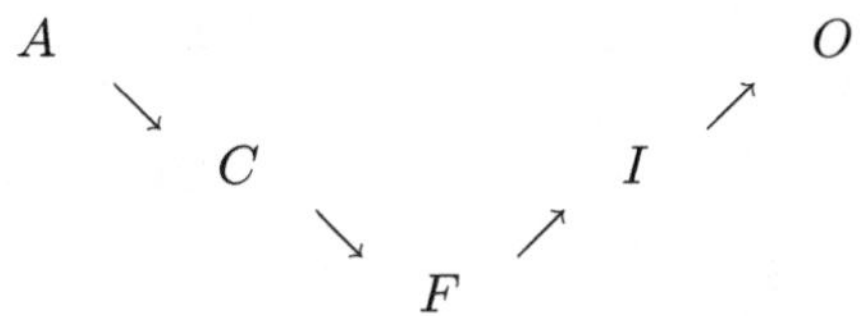

e la probabilità che ciò si realizzi è pari a $q_u^2 \left(1 - q_u\right)^2 = 0.0611$. In questo caso si avrebbe allora che

$$\left.\begin{array}{l} S_{med} = 4.219 \\ S_T = 5.625 \end{array}\right\} \quad \Longrightarrow \quad (S_T - S_{med})^+ = 1.406$$

e. Il prezzo evolve come segue

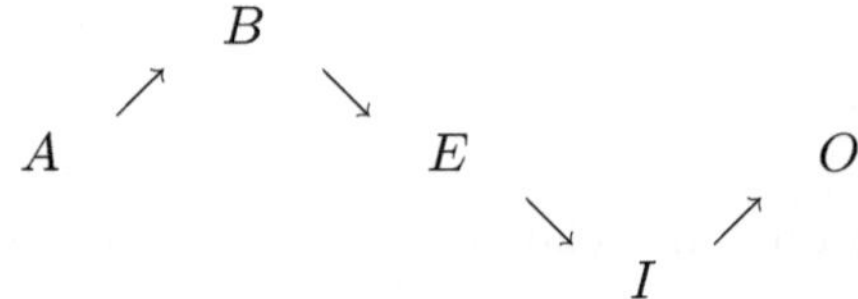

e la probabilità che ciò si realizzi è pari a $q_u^2 \left(1 - q_u\right)^2 = 0.0611$. In questo caso si avrebbe allora che

$$\left.\begin{array}{l} S_{med} = 7.969 \\ S_T = 5.625 \end{array}\right\} \quad \Longrightarrow \quad (S_T - S_{med})^+ = 0$$

f. Il prezzo evolve come segue

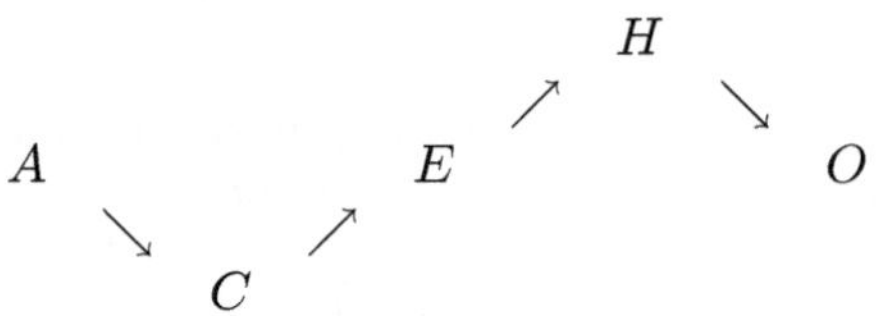

e la probabilità che ciò si realizzi è pari a $q_u^2 \left(1 - q_u\right)^2 = 0.0611$. In questo caso si avrebbe allora che

$$\left.\begin{array}{l} S_{med} = 7.344 \\ S_T = 5.625 \end{array}\right\} \quad \Longrightarrow \quad (S_T - S_{med})^+ = 0$$

nodo finale: P Se il sottostante a scadenza valesse 1.875 (nodo P), allora si avrebbero 4 cammini possibili per il prezzo del sottostante.

a. Il prezzo evolve come segue

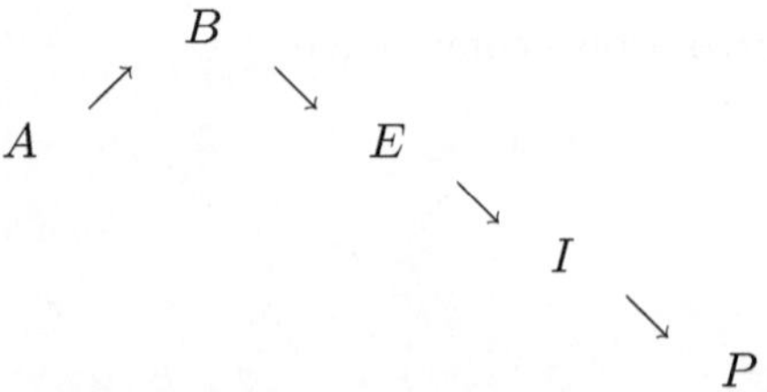

e la probabilità che ciò si realizzi è pari a $q_u \left(1 - q_u\right)^3 = 0.0494$. In questo caso si avrebbe allora che

$$\left.\begin{array}{l} S_{med} = 7.031 \\ S_T = 1.875 \end{array}\right\} \quad \Longrightarrow \quad (S_T - S_{med})^+ = 0$$

b. Il prezzo evolve come segue

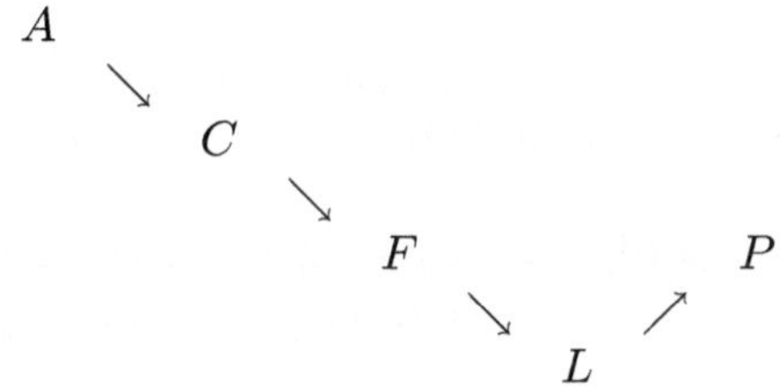

e la probabilità che ciò si realizzi è pari a $q_u \left(1 - q_u\right)^3 = 0.0494$. In questo caso si avrebbe allora che

$$\left.\begin{array}{l} S_{med} = 2.656 \\ S_T = 1.875 \end{array}\right\} \quad \Longrightarrow \quad (S_T - S_{med})^+ = 0$$

c. Il prezzo evolve come segue

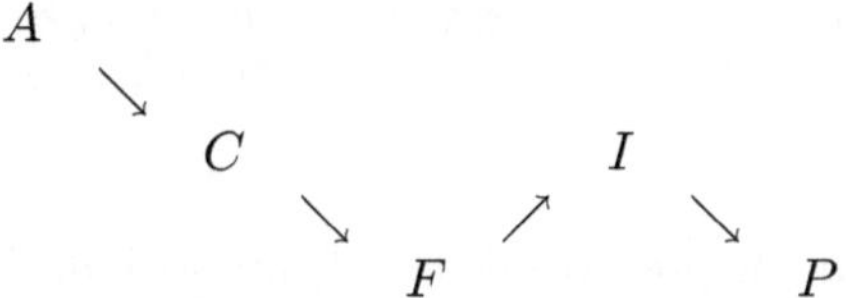

e la probabilità che ciò si realizzi è pari a $q \left(1 - q\right)^3 = 0.0494$. In questo caso si avrebbe allora che

$$\left.\begin{array}{l} S_{med} = 3.281 \\ S_T = 1.875 \end{array}\right\} \quad \Longrightarrow \quad (S_T - S_{med})^+ = 0$$

d. Il prezzo evolve come segue

e la probabilità che ciò si realizzi è pari a $q_u \left(1 - q_u\right)^3 = 0.0494$. In questo caso si avrebbe allora che

$$\left.\begin{array}{l} S_{med} = 4.531 \\ S_T = 1.875 \end{array}\right\} \quad \Longrightarrow \quad (S_T - S_{med})^+ = 0$$

Il prezzo iniziale dell'opzione considerata è quindi pari a:

$$F_{AS}\left(S_T; S_{med}; 0\right) =$$

$$= \frac{1}{(1.08)^{8/12}} \left[\begin{array}{l} 0.0935 \cdot 20.156 + 0.0756 \cdot (0.469 + 4.219 + 6.719)+ \\ +0.0611 \cdot (0.156 + 1.406) + 0.0494 \cdot 0 + 0.0399 \cdot 0 \end{array} \right] = 2.70$$

Otteniamo inoltre facilmente che il payoff della Call "average strike" è strettamente positivo con probabilità (neutrale al rischio) pari a

$$\begin{aligned} Q\left(\{\text{payoff} > 0\}\right) &= q_u^4 + 3q_u^3\left(1 - q_u\right) + 2q_u^2\left(1 - q_u\right)^2 = \\ &= 0.0935 + 3 \cdot 0.0756 + 2 \cdot 0.0611 = 0.4425 \end{aligned}$$

7.3   Esercizi proposti

Es. 7.6   Si determini il prezzo iniziale di un'opzione chooser (con sottostante azionario avente legge lognormale) avente prezzo di esercizio $E = 20$ Euro, $T_1 = 6$ mesi, $T_2 = 1$ anno, $S_0 = 20$ euro , $r = 10\%$ annuo e $\sigma = 20\%$ annuo.

Es. 7.7   Si determini il prezzo iniziale di un'opzione barriera Call del tipo "up-and-in" su di un sottostante avente legge lognormale con $S_0 = 10$ Euro, $\sigma^2 = 0.016$, $r = 0.04$, $E = 6$ Euro e barriera $U = 8$ Euro. Utilizzando la nota relazione tra opzioni barriera e opzioni Call europee, si determini il prezzo della Call "up-and-out" corrispondente.

Es. 7.8   Si determini il prezzo iniziale di un'opzione binaria del tipo "asset or nothing" Call avente gli stessi parametri (eccetto K) di quelli dell'Esercizio 7.1.

Es. 7.9   Con gli stessi dati degli Esercizi 7.4 e 7.5, e sempre utilizzando il modello binomiale, si determini il prezzo iniziale di un'opzione retrospettiva (lookback) di tipo Call su minimo quando la scadenza è posticipata di un bimestre. Si valuti anche la Put corrispondente.

Es. 7.10   Con gli stessi dati degli Esercizi 7.4 e 7.5, e sempre utilizzando il modello binomiale, si determini il prezzo iniziale di un'opzione asiatica del tipo "average strike", avente come payoff a scadenza l'espressione $(S_T - S_{MG})^+ = \max\{S_T - S_{MG}; 0\}$, dove S_{MG} è la media geometrica dei valori assunti dal sottostante nel periodo considerato, i.e. $S_{MG} = \sqrt[n]{\Pi_{i=1}^n S_i}$.

Es. 7.11 Con gli stessi dati degli Esercizi 7.4 e 7.5, e sempre utilizzando il modello binomiale, si determini il prezzo iniziale di un'opzione asiatica del tipo "average rate" avente come payoff a scadenza l'espressione $(S_{med} - E)^+ = \max\{S_{med} - E; 0\}$, dove S_{med} denota la media aritmetica dei valori assunti dal sottostante nel periodo di tempo considerato e quando lo strike è pari a $E = 5$ euro.

Es. 7.12 Si determini il payoff a scadenza di un portafoglio costituito dall'opzione Call lookback dell'Esercizio 7.4 e dalla corrispondente Put lookback. Si determini il valore iniziale di tale portafoglio.

Capitolo 8

Derivati su tassi d'interesse

8.1 Richiami di teoria

Nei problemi di valutazione affrontati nei capitoli precedenti, il tasso di interesse privo di rischio svolgeva il ruolo di parametro del problema, assunto come noto e per lo più costante nel tempo. Questa è un'approssimazione della situazione reale che, se può avere una giustificazione per prodotti finanziari di breve durata quali sono generalmente le opzioni, diventa inadeguata al fine di valutare prodotti di durata maggiore quali, ad esempio, le obbligazioni e, più in generale, tutti i derivati sui tassi di interesse (fixed income securities). Occorre pertanto disporre di *modelli di evoluzione per i tassi* medesimi per i quali si ricorre a modelli di tipo stocastico.

Cominciamo con la definizione delle quantità di cui vogliamo descrivere la dinamica temporale.

Chiameremo *obbligazione senza cedole o zero-coupon bond* un contratto che, convenzionalmente, alla data di scadenza T garantisce al possessore un'unità della valuta corrente. Il prezzo o valore di uno zero-coupon bond dipende tuttavia anche dalla data di inizio del contratto, pertanto denoteremo con $Z(t, T)$ il valore di uno zero-coupon bond alla data t. Nel caso in cui lo zero-coupon bond garantisca al possessore un ammontare N alla data di scadenza T, specificheremo che lo zero-coupon bond in oggetto ha valore nominale N. In tal caso il suo prezzo alla data t sarà pari a $N \cdot Z(t, T)$.

Chiameremo invece *coupon bond* di valore nominale N, scadenza T e con cedole pagate periodicamente (ad esempio semestralmente) al tasso annuo r_c un contratto che garantisce al possessore il capitale N alla data T e cedole dell'ammontare c ad ogni periodo (nel caso semestrale: $c = \frac{r_c}{2} \cdot N$) fino alla data di scadenza T.

Definiamo *tasso forward istantaneo relativo alla scadenza T* la seguente quantità:

$$f(t, T) \triangleq -\frac{\partial \ln Z(t, T)}{\partial T} \tag{8.1}$$

Chiameremo invece *tasso a breve (o short)* la quantità $r_t \triangleq f(t, t)$.

Il valore dei bond con diverse scadenze è quindi in stretta relazione con l'evoluzione dei tassi di interesse. Salvo diversa precisazione, in seguito ci riferiremo sempre al tasso di interesse short. Nell'affrontare il problema della valutazione di uno zero-coupon bond ci si scontra immediatamente con la difficoltà che un modello per tassi di interesse di tipo stocastico è un tipico modello di mercato incompleto, per cui non esiste un unico prezzo per il generico titolo derivato (nel nostro caso lo zero-coupon bond) compatibile con l'ipotesi di assenza di arbitraggio. Quest'ultima, tuttavia, si traduce in una condizione di consistenza tra il valore degli zero-coupon bond a diverse scadenze, che permette comunque di ricondurre il problema della valutazione di uno zero-coupon bond alla risoluzione di un problema ai valori finali per un'equazione differenziale alle derivate parziali, nella quale compare tuttavia un parametro il cui valore è da determinare sulla base di condizioni di tipo "esogeno".

Nell'ipotesi che il tasso a breve segua un modello del tipo seguente:

$$dr_t = u(r_t, t)dt + w(r_t, t)dW_t, \tag{8.2}$$

il valore $Z(t,T)$ di uno zero-coupon bond con scadenza T deve soddisfare la seguente equazione alle derivate parziali:

$$\frac{\partial Z}{\partial t}(t,T) + \frac{1}{2}w^2(t,T)\frac{\partial^2 Z}{\partial r^2}(t,T) + (u - \lambda w)(t,T)\frac{\partial Z}{\partial r}(t,T) - (rZ)(t,T) = 0 \tag{8.3}$$

con la condizione finale $Z(T,T) = 1$. Il termine λ che compare nell'equazione prende il nome di *premio di mercato del rischio* e, in virtù della relazione di consistenza dovuta all'ipotesi di non arbitraggio, si dimostra essere lo stesso per tutti i bond esistenti sul mercato. La determinazione del coefficiente λ può avvenire basandosi su di un modello generale di equilibrio oppure mediante un *procedimento* chiamato di *"calibrazione"*. Noi ci riferiremo a quest'ultimo modo di procedere al fine di determinare λ o altri parametri ad esso legati nell'ambito dei modelli che utilizzeremo.

La soluzione dell'equazione alle derivate parziali che governa il prezzo degli zero-coupon bond e soddisfa la relativa condizione finale è disponibile in forma esplicita in parecchi casi notevoli. Particolare interesse rivestono le soluzioni che assumono la forma seguente:

$$Z(t,T) = \exp\left\{A(t,T) - r_t B(t,T)\right\}, \tag{8.4}$$

dove A e B sono funzioni deterministiche di t, T, che prendono il nome di *strutture a termine di tipo affine*. Si può dimostrare che condizione sufficiente per l'esistenza di soluzioni del tipo suddetto è che i coefficienti u, w dell'equazione differenziale stocastica che descrive l'evoluzione del tasso a breve abbiano la forma seguente:

$$u(r,t) = \alpha(t)r + \beta(t) \tag{8.5}$$

$$w(r,t) = \sqrt{\gamma(t)r + \delta(t)}. \tag{8.6}$$

I termini A, B sono inoltre legati ai coefficienti $\alpha, \beta, \gamma, \delta$ dalle seguenti equazioni differenziali:

$$\frac{\partial B(t,T)}{\partial t} + \alpha(t)B(t,T) - \frac{1}{2}\gamma(t)B^2(t,T) = -1, \quad B(T,T) = 0 \quad (8.7)$$

$$\frac{\partial A(t,T)}{\partial t} - \beta(t)B(t,T) + \frac{1}{2}\delta(t)B^2(t,T) = 0, \quad A(T,T) = 0. \quad (8.8)$$

Tra i modelli del tipo appena visto, richiamiamo in dettaglio quelli maggiormente utilizzati e ai quali saranno rivolte le nostre applicazioni. In particolare, considereremo i modelli di Vasiček, di Ho-Lee e di Hull-White.

- *Modello di Vasiček*

$$dr_t = a\left(b - r_t\right)dt + \sigma dW_t,$$

ovvero $\alpha(t) = -a$, $\beta(t) = ab$, $\gamma(t) = 0$ e $\delta(t) = \sigma^2$.

In questo caso si ha che

$$B(t,T) = \frac{1 - e^{-a(T-t)}}{a} \quad (8.9)$$

$$A(t,T) = \frac{[B(t,T) - (T-t)]\left(a^2 b - \sigma^2/2\right)}{a^2} - \frac{\sigma^2 B^2(t,T)}{4a} \quad (8.10)$$

È inoltre noto che la forma esplicita del tasso short è la seguente:

$$r_t = r_0 e^{-at} + b\left(1 - e^{-at}\right) + \sigma \int_0^t e^{-a(t-s)} dW_s \quad (8.11)$$

e che

$$E\left[r_t\right] = r_0 e^{-at} + b\left(1 - e^{-at}\right). \quad (8.12)$$

- *Modello di Ho-Lee*

$$dr_t = \vartheta_t dt + \sigma dW_t,$$

ovvero $\alpha(t) = 0$, $\beta(t) = \vartheta_t$, $\gamma(t) = 0$ e $\delta(t) = \sigma^2$.

In questo caso si ha che

$$B(t,T) = T - t \quad (8.13)$$

$$A(t,T) = \int_t^T \vartheta_s(s - T)ds + \frac{\sigma^2(T-t)^3}{6} \quad (8.14)$$

- *Modello di Hull-White*

$$dr_t = \left(\vartheta_t - ar_t\right)dt + \sigma dW_t,$$

ovvero $\alpha(t) = -a$, $\beta(t) = \vartheta_t$, $\gamma(t) = 0$ e $\delta(t) = \sigma^2$.

In questo caso si ha che

$$B(t,T) = \frac{1 - e^{-a(T-t)}}{a} \qquad (8.15)$$

$$A(t,T) = \int_t^T \left[\frac{1}{2}\sigma^2 B^2(s,T) - \vartheta_s B(s,T)\right] ds \qquad (8.16)$$

Da un procedimento di calibrazione opportuno si possono ricavare ancora le funzioni ϑ_t che compaiono nei modelli di Ho-Lee e di Hull-White, ottenendo rispettivamente:

$$\vartheta_t^{HL} = \frac{\partial f(0,t)}{\partial t} + \sigma^2 t \qquad (8.17)$$

$$\vartheta_t^{HW} = \frac{\partial f(0,t)}{\partial t} + af(0,t) + \frac{\sigma^2}{2a}(1 - e^{-2at}) \qquad (8.18)$$

dove in entrambe le espressioni $f(0,t)$ denota il tasso forward istantaneo iniziale.

Nell'ambito dei modelli sopra elencati possono essere valutati abbastanza facilmente gli zero-coupon bond, i coupon bond e anche le opzioni su bond. Vedremo tali valutazioni in modo dettagliato negli esercizi.

Per i tre modelli considerati le formule che forniscono il *valore di un'opzione di tipo Call su uno zero-coupon bond* di valore nominale N sono le seguenti.

- Modello di Vasiček:

$$C(t,T,E,T^*) = N \cdot Z(t,T^*) \cdot N(d) - E \cdot Z(t,T) \cdot N(d - \sigma_p) \qquad (8.19)$$

dove E, T denotano rispettivamente il prezzo di esercizio e la scadenza dell'opzione, mentre T^* denota la scadenza del bond, $N(\cdot)$ denota la funzione di ripartizione della Normale standard e le quantità d e σ_p sono definite come segue:

$$d = \sigma_p^{-1} \ln\left[\frac{N \cdot Z(t,T^*)}{E \cdot Z(t,T)}\right] + \frac{1}{2}\sigma_p \qquad (8.20)$$

$$\sigma_p = \frac{1 - e^{-a(T^*-T)}}{a}\sqrt{\frac{\sigma^2}{2a}\left[1 - e^{-2a(T-t)}\right]} \qquad (8.21)$$

- Modello di Ho-Lee:

$$C(t,T,E,T^*) = N \cdot Z(t,T^*) \cdot N(d) - E \cdot Z(t,T) \cdot N(d - \sigma_p) \qquad (8.22)$$

dove

$$d = \sigma_p^{-1} \ln\left[\frac{N \cdot Z(t,T^*)}{E \cdot Z(t,T)}\right] + \frac{1}{2}\sigma_p \qquad (8.23)$$

$$\sigma_p = \sigma(T^* - T)\sqrt{T} \qquad (8.24)$$

- Modello di Hull-White:

$$C(t,T,E,T^*) = N \cdot Z(t,T^*) \cdot N(d) - E \cdot Z(t,T) \cdot N(d - \sigma_p) \quad (8.25)$$

dove

$$d = \sigma_p^{-1} \ln \left[\frac{N \cdot Z(t,T^*)}{E \cdot Z(t,T)} \right] + \frac{1}{2} \sigma_p \quad (8.26)$$

$$\sigma_p = \frac{1 - e^{-a(T^*-T)}}{a} \sqrt{\frac{\sigma^2}{2a} \left[1 - e^{-2a(T-t)} \right]}. \quad (8.27)$$

Formule analoghe valgono per opzioni Put.

Rimandiamo il lettore interessato ad approfondire in modo sistematico e rigoroso i problemi di valutazione per i derivati sui tassi di interesse ai testi di Björk [2], Brigo, Mercurio [3], El Karoui [6] e Mikosch [10].

8.2 Esercizi svolti

Esercizio 8.1

Si consideri un tasso d'interesse $(r_t)_{t \geq 0}$ che segue un modello di Vasiček

$$dr_t = a\,(b - r_t)\,dt + \sigma dW_t,$$

con $a = 0.4$, $b = 0.01$, $\sigma = 0.2$ e con tasso d'interesse iniziale r_0 pari al 4% annuo.

1. (a) Si calcoli il prezzo corrente di uno zero-coupon bond di valore nominale 40 euro e di scadenza due anni e mezzo.

   (b) Esiste un tasso d'interesse costante r^* tale per cui il valore di uno zero-coupon bond di valore nominale 40 euro e di scadenza 2 anni e mezzo coincida con il valore trovato nel punto (a)?

2. Si consideri un'opzione Call di scadenza un anno e due mesi, strike 36 euro e scritta su uno zero-coupon bond di valore nominale 40 euro.

   (a) Si calcoli il valore iniziale della Call di cui sopra.

   (b) Si valuti la Call di cui sopra nel caso in cui il tasso d'interesse sia costante nel tempo e pari a $r_e = E\,[r_T]$, con T scadenza della Call.

3. Si consideri ora un coupon bond di valore nominale N^*, di scadenza due anni e mezzo e con cedole pagate semestralmente con tasso annuo pari all'8%.

   (a) Si stabilisca per quale valore di N^* il valore dello zero-coupon bond del punto 1.(a) coincide con il valore attuale del coupon bond, valore attuale calcolato considerando il tasso d'interesse come costante e pari a r_0.

(b) Si calcoli il valore iniziale di un'opzione Call di scadenza un anno e due mesi, strike 36 euro e scritta sul coupon bond di valore nominale N^* e di scadenza due anni e mezzo.

(c) Qual è il valore iniziale dell'opzione Call di scadenza un anno e due mesi, strike 36 euro e scritta su uno zero-coupon bond di valore nominale N^*?

4. Quanto valgono le Put corrispondenti alle Call dei punti 2.(a) e 3.(b)?

Svolgimento

1. (a) Dal momento che il prezzo di uno zero-coupon bond (di valore nominale un euro) al tempo t e di scadenza T^* (con tasso d'interesse che rispetta il modello di Vasiček) è pari a

$$Z(t, T^*) = e^{A(t,T^*) - r_t B(t,T^*)},$$

dove

$$B(t, T^*) = \frac{1 - e^{-a(T^* - t)}}{a}$$

e

$$A(t; T^*) = \frac{[B(t, T^*) - (T^* - t)]\left(a^2 b - \frac{\sigma^2}{2}\right)}{a^2} - \frac{\sigma^2 B^2(t, T^*)}{4a},$$

per determinare il prezzo iniziale di uno zero-coupon bond di valore nominale 40 euro e di scadenza $T^* = 2.5$ anni dobbiamo calcolare $A(0; 2.5)$ e $B(0; 2.5)$.

Siccome

$$B(0; 2.5) = \frac{1 - e^{-0.4 \cdot 2.5}}{0.4} = 1.58$$

$$A(0; 2.5) =$$

$$= \frac{[B(0;2.5) - 2.5]\left((0.4)^2 \cdot 0.01 - \frac{(0.2)^2}{2}\right)}{(0.4)^2} - \frac{(0.2)^2 B^2(0;2.5)}{4 \cdot 0.4} = 0.043,$$

il prezzo dello zero-coupon bond di valore nominale 40 euro è allora pari a

$$N \cdot Z(0; 2.5) = 40 \cdot e^{A(0;2.5) - r_0 \cdot B(0;2.5)} = 40 \cdot e^{0.043 - 0.04 \cdot 1.58} = 39.2$$

I.e. dovremmo investire oggi 39.2 euro per avere indietro 40 euro tra 2 anni e mezzo.

Da quanto sopra, ricaviamo che il prezzo di uno zero-coupon bond (di valore nominale un euro) è pari a $Z(0; 2.5) = 0.980$ euro.

(b) Dobbiamo ora determinare un tasso d'interesse costante r^* tale per cui il valore di uno zero-coupon bond di valore nominale 40 euro e di scadenza 2 anni e mezzo coincida con il valore trovato nel punto (a).

Tale tasso d'interesse r^* deve pertanto soddisfare la seguente equazione:

$$N \cdot Z\left(0; T^*\right) = N \cdot e^{-r^* T^*}$$

o, equivalentemente, $Z\left(0; 2.5\right) = e^{-r^* \cdot 2.5}$. Si ottiene pertanto che

$$r^* = -\frac{\ln Z\left(0; 2.5\right)}{2.5} = 0.008$$

2. Consideriamo ora una Call europea di scadenza T un anno e due mesi, strike $E = 36$ e scritta su uno zero-coupon bond di valore nominale pari a $N = 40$ e scadenza $T^* = 2.5$ anni.

(a) Ricordiamo che il prezzo iniziale di un'opzione Call su uno zero-coupon bond di valore nominale N è pari a

$$C_0 = N \cdot Z\left(0; T^*\right) \cdot N\left(d\right) - E \cdot Z\left(0; T\right) \cdot N\left(d - \sigma_p\right), \qquad (8.28)$$

dove

$$d = \sigma_p^{-1} \ln\left[\frac{N \cdot Z(0, T^*)}{E \cdot Z(0, T)}\right] + \frac{1}{2}\sigma_p \qquad (8.29)$$

$$\sigma_p = \frac{1 - e^{-a(T^* - T)}}{a} \sqrt{\frac{\sigma^2}{2a}\left[1 - e^{-2aT}\right]} \qquad (8.30)$$

Si osservi innanzitutto che la formula di cui sopra estende quella "standard" di Black-Scholes e che il fattore $N \cdot Z\left(0; T^*\right)$ rappresenta semplicemente il "prezzo iniziale" del sottostante dell'opzione, mentre $E \cdot Z\left(0; T\right)$ lo strike attualizzato alla data iniziale. Ciò è dovuto al fatto che $Z\left(0; s\right)$ rappresenta "l'attualizzazione di un capitale unitario di un periodo di tempo s".

Torniamo ora alla valutazione della Call. Osservando la (8.28), notiamo che dobbiamo soltanto determinare $Z\left(0; T\right)$ perché $Z\left(0; T^*\right)$ è già stato ricavato nel punto 1.(a).

Analogamente a quanto fatto nel punto 1.(a), ricaviamo che per $T = 7/6$ anni (ovvero un anno e due mesi)

$$B\left(0; 7/6\right) = \frac{1 - e^{-0.4 \cdot \frac{7}{6}}}{0.4} = 0.9323$$

$$A\left(0; 7/6\right) = \frac{\left[B\left(0; \frac{7}{6}\right) - \frac{7}{6}\right]\left((0.4)^2 \cdot 0.01 - \frac{(0.2)^2}{2}\right)}{(0.4)^2} - \frac{(0.2)^2 B^2\left(0; \frac{7}{6}\right)}{4 \cdot 0.4} =$$

$$= 0.0052$$

Il prezzo dello zero-coupon bond (di valore nominale un euro) è allora

$$Z\left(0;7/6\right) = e^{A(0;7/6)-r_0\cdot B(0;7/6)} = e^{0.0052-0.04\cdot 0.9323} = 0.9684$$

Deduciamo allora che

$$\sigma_p = \frac{1-e^{-0.4(2.5-7/6)}}{0.4}\sqrt{\frac{(0.2)^2}{2\cdot 0.4}\left[1-e^{-2\cdot 0.4\cdot 7/6}\right]} = 0.18$$

$$d = \frac{\ln\left[\frac{40\cdot Z(0;2.5)}{36\cdot Z(0;7/6)}\right]}{0.18} + \frac{0.18}{2} = 0.741$$

Di conseguenza, il prezzo iniziale della Call di scadenza T un anno e due mesi, strike $E = 36$ e scritta su uno zero-coupon bond di valore nominale $N = 40$ e scadenza $T^* = 2.5$ anni è pari a

$$C_0 = 40\cdot 0.980\cdot N\left(0.741\right) - 36\cdot 0.9684\cdot N\left(0.741-0.18\right) = 5.365 \text{ euro.}$$

(b) Nel caso in cui il tasso d'interesse sia costante nel tempo e pari a $r_e = E\left[r_T\right]$, consideriamo un'opzione Call europea di scadenza T un anno e due mesi, strike $E = 36$ e scritta su uno zero-coupon bond di valore nominale pari a $N = 40$ e scadenza $T^* = 2.5$ anni .

Ricordiamo che nel modello di Vasiček la forma esplicita del tasso short è la seguente:

$$r_t = r_0 e^{-at} + b\left(1-e^{-at}\right) + \sigma\int_0^t e^{-a(t-s)}dW_s$$

e che $E\left[r_t\right] = r_0 e^{-at} + b(1-e^{-at}) = r_0 + (b-r_0)\left(1-e^{-aT}\right)$. Di conseguenza:

$$\begin{aligned}
r_e &= E\left[r_T\right] = r_0 + (b-r_0)\left(1-e^{-aT}\right) = \\
&= 0.04 + (0.01-0.04)\left(1-e^{-0.4\cdot\frac{7}{6}}\right) = 0.029
\end{aligned}$$

Alla data di scadenza il payoff della Call è allora deterministico e pari a

$$\begin{aligned}
\left(40\cdot Z^{r_e}\left(T;T^*\right)-36\right)^+ &= \left(40\cdot e^{-r_e(T^*-T)}-36\right)^+ = \\
&= \left(40\cdot e^{-0.029\cdot(2.5-7/6)}-36\right)^+ = 2.483
\end{aligned}$$

Pertanto, il prezzo della Call di tale payoff deterministico è pari al valore attualizzato (al tasso r_e) di tale payoff, i.e.

$$\begin{aligned}
C_0^{r_e} &= Z\left(0;T\right)\cdot\left(40\cdot Z^{r_e}\left(T;T^*\right)-36\right)^+ = \\
&= e^{-r_e T}\cdot\left(40\cdot Z^{r_e}\left(T;T^*\right)-36\right)^+ = 2.40 \text{ euro.}
\end{aligned}$$

3. Consideriamo ora un coupon bond di valore nominale N^*, di scadenza due anni e mezzo e con cedole pagate semestralmente con tasso annuo pari all'8%.

   (a) Vogliamo determinare il valore N^* tale per cui il valore dello zero-coupon bond del punto 1.(a) coincida con il valore attuale del coupon bond, valore attuale calcolato considerando il tasso d'interesse come costante e pari a r_0. Siccome il valore attuale (calcolato con il tasso r_0) del coupon bond è pari a

$$\frac{4N^*}{100}\left[e^{-r_0/2} + e^{-r_0} + e^{-3r_0/2} + e^{-2r_0}\right] + \frac{104N^*}{100}e^{-5r_0/2},$$

dobbiamo determinare N^* soluzione della seguente equazione

$$\frac{4N^*}{100}\left[e^{-r_0/2} + e^{-r_0} + e^{-3r_0/2} + e^{-2r_0}\right] + \frac{104N^*}{100}e^{-5r_0/2} = 40{\cdot}Z\,(0;2.5)\,.$$

Deduciamo allora che

$$N^* = 100{\cdot}\frac{40 \cdot Z\,(0;2.5)}{4\left[e^{-r_0/2} + e^{-r_0} + e^{-3r_0/2} + e^{-2r_0}\right] + 104e^{-5r_0/2}} = 35.86 \text{ euro.}$$

   (b) Calcoliamo ora il prezzo iniziale di un'opzione Call di scadenza un anno e due mesi, strike 36 euro e scritta sul coupon bond di valore nominale $N^* = 35.86$, di scadenza due anni e mezzo e con cedole pagate semestralmente con tasso annuo pari all'8%.

   Facciamo innanzitutto alcune considerazioni. Si osservi che, dopo la scadenza dell'opzione (che non coincide con nessun distacco di cedola), si avrà pagamento di cedole (semestrali, quindi dell'importo di $c = N^* \cdot 0.04 = 1.43$ euro) alle date $T_1^* = 1.5$ anni, $T_2^* = 2$ anni e $T_3^* = T^* = 2.5$ anni (scadenza del bond). Siccome a quest'ultima data ci sarà anche la restituzione del capitale, 'importo totale pagato sarà pari a $N^* + c = 37.29$ euro.

   L'idea per calcolare il prezzo di un'opzione scritta su un coupon bond con cedole è quella di:

   - "scomporre" il bond sottostante come combinazione lineare di n zero-coupon bonds (dove n è pari al numero di cedole staccate dopo la scadenza dell'opzione) di valori nominali opportuni;
   - "scomporre" l'opzione iniziale come somma di n opzioni, una per ogni zero-coupon bond di cui sopra, di strike opportuni;
   - calcolare il prezzo dell'opzione "di partenza" come somma dei prezzi delle opzioni del punto precedente.

   Per quanto detto sopra, cerchiamo di scomporre lo strike dell'opzione di partenza in tre componenti (E_1, E_2 e E_3) che rappresenteranno, rispettivamente, lo strike dell'opzione "fittizia" di scadenza

T e di sottostante lo zero-coupon bond (ZCB_1) di valore nominale $N_1 = c = 1.43$ e scadenza $T_1^* = 1.5$ anni; lo strike dell'opzione "fittizia" di scadenza T e di sottostante lo zero-coupon bond (ZCB_2) di valore nominale $N_2 = c = 1.43$ e scadenza $T_2^* = 2$ anni; e lo strike dell'opzione "fittizia" di scadenza T e di sottostante lo zero-coupon bond (ZCB_3) di valore nominale $N_3 = N^* + c = 37.29$ e scadenza $T_3^* = T^* = 2.5$ anni.

Imponiamo quindi che

$$N_1 \cdot Z\left(T;T_1^*\right) + N_2 \cdot Z\left(T;T_2^*\right) + N_3 \cdot Z\left(T;T_3^*\right) = E \qquad (8.31)$$

e definiamo

$$
\begin{aligned}
E_1 &\triangleq N_1 \cdot Z\left(T;T_1^*\right) \\
E_2 &\triangleq N_2 \cdot Z\left(T;T_2^*\right) \\
E_3 &\triangleq N_3 \cdot Z\left(T;T_3^*\right).
\end{aligned}
$$

Si osservi che nella (8.31) si richiede semplicemente che la scomposizione di E nei tre strikes E_1, E_2 ed E_3 sia in funzione dei valori nominali e dei tempi rimanenti a scadenza dei tre zero-coupon bonds.

Per determinare E_1, E_2 ed E_3, ci restano soltanto da calcolare $Z\left(T;T_1^*\right)$, $Z\left(T;T_2^*\right)$ e $Z\left(T;T_3^*\right)$.

Analogamente a quanto già fatto nel punto 1.(a), otteniamo che

$$
\begin{aligned}
B\left(T;T_1^*\right) &= \frac{1-e^{-a(T_1^*-T)}}{a} = \frac{1-e^{-0.4\cdot(1.5-7/6)}}{0.4} = 0.312 \\
A\left(T;T_1^*\right) &= 0.00001 \\
B\left(T;T_2^*\right) &= \frac{1-e^{-a(T_2^*-T)}}{a} = \frac{1-e^{-0.4\cdot(2-7/6)}}{0.4} = 0.709 \\
A\left(T;T_2^*\right) &= 0.0018 \\
B\left(T;T_3^*\right) &= \frac{1-e^{-a(T_3^*-T)}}{a} = \frac{1-e^{-0.4\cdot(2.5-7/6)}}{0.4} = 1.033 \\
A\left(T;T_3^*\right) &= 0.0078
\end{aligned}
$$

e

$$
\begin{aligned}
Z\left(T;T_1^*\right) &= e^{A(T;T_1^*)-r_T^*\cdot B(T;T_1^*)} = e^{0.00001-0.312\cdot r_T^*} \\
Z\left(T;T_2^*\right) &= e^{A(T;T_2^*)-r_T^*\cdot B(T;T_2^*)} = e^{0.0018-0.709\cdot r_T^*} \\
Z\left(T;T_3^*\right) &= e^{A(T;T_3^*)-r_T^*\cdot B(T;T_3^*)} = e^{0.0078-1.033\cdot r_T^*},
\end{aligned}
$$

dove r_T^* è incognito e sarà determinato dalla (8.31). Infatti, per quanto sopra ed essendo $N_1 = N_2 = 1.43$ e $N_3 = 37.29$, la (8.31) può essere riscritta come

$$1.43\cdot e^{0.00001-0.312\cdot r_T^*}+1.43\cdot e^{0.0018-0.709\cdot r_T^*}+37.29\cdot e^{0.0078-1.033\cdot r_T^*} = 36.$$

Risolvendo l'equazione precedente, si trova la soluzione $r_T^* = 0.1168$. Pertanto:

$$\begin{aligned}
E_1 &\triangleq N_1 \cdot Z\left(T; T_1^*\right) = 1.38 \\
E_2 &\triangleq N_2 \cdot Z\left(T; T_2^*\right) = 1.32 \\
E_3 &\triangleq N_3 \cdot Z\left(T; T_3^*\right) = 33.31
\end{aligned}$$

A questo punto allora:

- il coupon bond sottostante è stato scomposto come combinazione lineare di tre zero-coupon bonds di valori nominali $N_1 = 1.43$, $N_2 = 1.43$ e $N_3 = 37.29$;

- l'opzione iniziale è stata scomposta in tre opzioni entrambe di scadenza $T = 7/6$ anni e:

  * una (Call 1) di strike E_1 e scritta su ZCB_1 di valore nominale N_1 e di scadenza $T_1^* = 1.5$ anni;

  * una (Call 2) di strike E_2 e scritta su ZCB_2 di valore nominale N_2 e di scadenza $T_2^* = 2$ anni;

  * l'ultima (Call 3) di strike E_3 e scritta su ZCB_3 di valore nominale N_3 e di scadenza $T_3^* = 2.5$ anni;

- il prezzo iniziale dell'opzione "di partenza" C_0^{CB} è pari a

$$C_0^{CB} = C_0^{(1)} + C_0^{(2)} + C_0^{(3)},$$

dove $C_0^{(i)}$, $i = 1, 2, 3$, rappresenta il prezzo iniziale della Call i.

Ci restano quindi da calcolare $C_0^{(1)}$, $C_0^{(2)}$ e $C_0^{(3)}$. Siccome la Call 1, la Call 2 e la Call 3 sono opzioni scritte su zero-coupon bond, vale che

$$C_0^{(i)} = N_i \cdot Z\left(0; T_i^*\right) \cdot N\left(d^{(i)}\right) - E_i \cdot Z\left(0; T\right) \cdot N\left(d^{(i)} - \sigma_p^{(i)}\right),$$

dove per $i = 1, 2, 3$

$$d^{(i)} = \frac{\ln\left[\frac{N_i \cdot Z(0, T_i^*)}{E_i \cdot Z(0, T)}\right]}{\sigma_p^{(i)}} + \frac{1}{2}\sigma_p^{(i)}$$

$$\sigma_p^{(i)} = \frac{1 - e^{-a(T_i^* - T)}}{a}\sqrt{\frac{\sigma^2}{2a}\left[1 - e^{-2aT}\right]}$$

Nel nostro caso si ha allora che

$$\sigma_p^{(1)} = \frac{1 - e^{-a(T_1^* - T)}}{a}\sqrt{\frac{\sigma^2}{2a}\left[1 - e^{-2aT}\right]} = 0.054$$

$$d^{(1)} = \frac{\ln\left[\frac{N_1 \cdot Z(0, T_1^*)}{E_1 \cdot Z(0, T)}\right]}{\sigma_p^{(1)}} + \frac{1}{2}\sigma_p^{(1)} = 0.6446,$$

siccome è facile verificare che $Z(0; T_1^*) = 0.9664$ e $Z(0; T) = 0.9684$. Di conseguenza:

$$C_0^{(1)} = 1.43 \cdot 0.9664 \cdot N(0.664) - 1.38 \cdot 0.9684 \cdot N(0.664 - 0.054) = 0.058 \text{ euro.}$$

In modo analogo si trova che

$$\begin{aligned} C_0^{(2)} &= 0.1335 \\ C_0^{(3)} &= 5.1871 \end{aligned}$$

Si può pertanto concludere che il prezzo della Call iniziale è pari a

$$C_0^{CB} = C_0^{(1)} + C_0^{(2)} + C_0^{(3)} = 0.058 + 0.1335 + 5.1871 = 5.3786 \text{ euro.}$$

(c) Se invece della Call scritta sul coupon bond di cui sopra avessimo una Call scritta su uno zero-coupon bond di valore nominale $N^* = 35.86$ euro, allora avremmo

$$\sigma_p = \frac{1 - e^{-0.4(2.5 - 7/6)}}{0.4} \sqrt{\frac{(0.2)^2}{2 \cdot 0.4} \left[1 - e^{-2 \cdot 0.4 \cdot 7/6} \right]} = 0.18$$

$$d = \frac{\ln\left[\frac{35.86 \cdot Z(0;2.5)}{36 \cdot Z(0;7/6)} \right]}{0.18} + \frac{0.18}{2} = 0.135$$

e quindi

$$\begin{aligned} C_0^{ZCB} &= N^* \cdot Z(0; T^*) \cdot N(d) - E \cdot Z(0; T) \cdot N(d - \sigma_p) = \\ &= 35.86 \cdot 0.980 \cdot N(0.135) - 36 \cdot 0.9684 \cdot N(0.135 - 0.18) = \\ &= 2.65 \text{ euro.} \end{aligned}$$

4. Per calcolare il prezzo delle Put corrispondenti alle Call dei punti 2.(a) e 3.(b) abbiamo due modi possibili. Il primo è tramite la formula di valutazione della Put, il secondo tramite la Parità Put-Call valida per opzioni scritte su zero-coupon bonds.

Iniziamo a calcolare il prezzo della Put corrispondente alla Call del punto 2.(a).

- Ricordiamo che il prezzo iniziale di una Put di scadenza T e strike E, scritta su uno zero-coupon bond di valore nominale N e scadenza T^*, è pari a

$$P_0 = E \cdot Z(0; T) \cdot N(\sigma_p - d) - N \cdot Z(0; T^*) \cdot N(-d), \qquad (8.32)$$

dove d e σ_p sono state definite come in (8.29) e in (8.30).
Siccome tutte le quantità che compaiono nella (8.32) sono già state calcolate nel punto 2.(a), si ottiene immediatamente che

$$P_0 = 36 \cdot 0.9684 \cdot N(0.18 - 0.741) - 40 \cdot 0.98025 \cdot N(-0.741) = 1.029 \text{ euro.}$$

- Sfruttando la parità Put-Call valida per una Call ed una Put di scadenza T e strike E, scritte sullo stesso zero-coupon bond di valore nominale N e scadenza T^*:

$$C_0 - P_0 = N \cdot Z(0; T^*) - E \cdot Z(0; T),$$

otteniamo lo stesso risultato di prima, i.e. $P_0 = 1.0274 \cong 1.029$ euro (prezzo calcolato direttamente).

Calcoliamo ora il prezzo della Put corrispondente alla Call del punto 3.(b). Come prima, abbiamo due possibilità: quella di rifare tutti i calcoli per la Put oppure quella di applicare la Parità Put-Call su ognuna delle opzioni Call della scomposizione (in questo caso alla Call 1, alla Call 2 ed alla Call 3) ed infine fare la somma dei prezzi delle Put "della scomposizione".

Calcoleremo il prezzo della Put in quest'ultimo modo, lasciando per esercizio il calcolo nel primo modo.

Abbiamo allora che

$$P_0^{CB} = P_0^{(1)} + P_0^{(2)} + P_0^{(3)},$$

dove la Put i è una Put europea di scadenza T_i^*, strike E_i e scritta su uno zero-coupon bond di valore nominale N_i. Dalla Parità Put-Call deduciamo che

$$
\begin{aligned}
P_0^{(1)} &= C_0^{(1)} - N_1 \cdot Z(0; T_1^*) + E_1 \cdot Z(0; T) = 0.012 \\
P_0^{(2)} &= C_0^{(2)} - N_2 \cdot Z(0; T_2^*) + E_2 \cdot Z(0; T) = 0.025 \\
P_0^{(3)} &= C_0^{(3)} - N_3 \cdot Z(0; T_3^*) + E_3 \cdot Z(0; T) = 0.889
\end{aligned}
$$

siccome $Z(0; T_1^*) = 0.9664$, $Z(0; T_2^*) = 0.9697$, $Z(0; T_3^*) = 0.9803$ e $Z(0; T) = 0.9684$. Di conseguenza:

$$P_0^{CB} = P_0^{(1)} + P_0^{(2)} + P_0^{(3)} = 0.926 \text{ euro}.$$

Esercizio 8.2

Si consideri un tasso forward istantaneo iniziale di tipo affine, ovvero

$$f(0,t) = c + mt$$

per $t \geq 0$.

1. Si determinino ϑ_t e il prezzo di uno zero-coupon bond di scadenza t, in funzione di c ed m, quando il tasso d'interesse short r_t segue: (a) un modello di Ho-Lee; (b) un modello di Hull-White.

2. Si supponga che il tasso d'interesse $(r_t)_{t\geq 0}$ segua un modello di Ho-Lee

$$dr_t = \vartheta_t dt + \sigma dW_t,$$

con $r_0 = c = 0.04$, $\sigma = 0.2$ e ϑ_t come dal punto precedente.

  (a) Si determini m tale che il prezzo odierno di uno zero-coupon bond di scadenza un anno e due mesi e di valore nominale 40 euro sia pari a 36 euro.

  (b) In base ai parametri r_0 e σ assegnati ed m determinato nel punto precedente, si determini il prezzo di una Call di scadenza un anno e due mesi, strike 36 euro e scritta su uno zero-coupon bond di valore nominale 40 euro e scadenza due anni e mezzo.

3. Si supponga che il tasso d'interesse $(r_t)_{t\geq 0}$ segua ora un modello di Hull-White

$$dr_t = \left(\vartheta_t - ar_t\right) dt + \sigma dW_t,$$

con $r_0 = c = 0.04$, $\sigma = 0.2$ e m come determinato nel punto 2.(a).

  (a) A priori non è noto il valore del parametro a, ma si sa che $\vartheta_{1/(2a)} - \vartheta_0 = 0.084$. Si determini a.

  (b) Si determini il prezzo di una Call di scadenza un anno e due mesi, strike 36 euro e scritta su uno zero-coupon bond di valore nominale 40 euro e scadenza due anni e mezzo.

4. Si determinino ϑ_t e il prezzo di uno zero-coupon bond di scadenza t, in funzione di c ed m, quando il tasso forward istantaneo è di tipo quadratico, i.e.

$$f\left(0,t\right) = c + mt + \frac{m}{2}t^2,$$

e quando il tasso short r_t segue un modello di Ho-Lee di parametri come nel punto 2.(a).

Si calcoli poi il prezzo di uno zero-coupon bond di scadenza un anno e due mesi e valore nominale 40 euro.

Svolgimento

1. Iniziamo a considerare il caso (a) di un tasso short che segue un modello di Ho-Lee. In questo caso abbiamo che

$$\vartheta_t^{HL} = \vartheta_t = \frac{\partial f}{\partial t}\left(0,t\right) + \sigma^2 t = m + \sigma^2 t. \tag{8.33}$$

Per quanto riguarda il prezzo $Z^{HL}(0,t)$ di uno zero-coupon bond di scadenza t, dobbiamo innanzitutto determinare $A(0,t)$ e $B(0,t)$. Ricordando che nel modello di Ho-Lee

$$\begin{aligned} B(t,T) &= T-t \\ A(t,T) &= \int_t^T \vartheta_s(s-T)ds + \frac{\sigma^2(T-t)^3}{6}, \end{aligned}$$

otteniamo immediatamente $B(0,t) = t$. È sufficiente quindi determinare $A(0,t)$ per ottenere $Z^{HL}(0,t)$.

Siccome $r_0 = f(0,0) = c$ e

$$\begin{aligned} A(0,t) &= \int_0^t \vartheta_s(s-t)ds + \frac{\sigma^2 t^3}{6} = \\ &= \int_0^t \left(m+\sigma^2 s\right)(s-t)ds + \frac{\sigma^2 t^3}{6} = \\ &= \left[\frac{ms^2}{2} + \frac{\sigma^2 s^3}{3} - mst - \frac{\sigma^2 s^2 t}{2}\right]\Big|_0^t + \frac{\sigma^2 t^3}{6} = \\ &= \frac{mt^2}{2} + \frac{\sigma^2 t^3}{3} - mt^2 - \frac{\sigma^2 t^3}{2} + \frac{\sigma^2 t^3}{6} = -\frac{mt^2}{2}, \end{aligned}$$

ricaviamo che, nel modello di Ho-Lee considerato, il prezzo iniziale di uno zero-coupon bond di scadenza t è pari a

$$Z^{HL}(0,t) = e^{A(0,t)-r_0 B(0,t)} = e^{-\frac{mt^2}{2}-r_0 t} = e^{-\frac{mt^2}{2}-ct}.$$

Nel caso (b) di un modello di Hull-White, abbiamo invece che

$$\begin{aligned} \vartheta_t^{HW} &= \vartheta_t = \frac{\partial f}{\partial t}(0,t) + a \cdot f(0,t) + \frac{\sigma^2}{2a}\left(1-e^{-2at}\right) = \\ &= m + a(c+mt) + \frac{\sigma^2}{2a}\left(1-e^{-2at}\right) = m + ac + amt + \frac{\sigma^2}{2a}\left(1-e^{-2at}\right). \end{aligned}$$

Per quanto riguarda il prezzo di uno zero-coupon bond di scadenza t, ricordiamo che $Z^{HW}(0,t) = e^{A(0,t)-r_0 B(0,t)}$ con

$$\begin{aligned} B(0,t) &= \frac{1-e^{-at}}{a} \\ A(0,t) &= \int_0^t \left[\frac{1}{2}\sigma^2 B^2(s,t) - \vartheta_s B(s,t)\right]ds. \end{aligned}$$

Ricaviamo allora $A(0,t)$:

$$A(0,t) = \int_0^t \left[\frac{1}{2}\sigma^2\left(\frac{1-e^{-a(t-s)}}{a}\right)^2 - \vartheta_s \frac{1-e^{-a(t-s)}}{a}\right]ds.$$

Per semplicità, indichiamo con C_s l'integranda, i.e.

$$C_s \triangleq \frac{1}{2}\sigma^2 \left(\frac{1-e^{-a(t-s)}}{a}\right)^2 - \vartheta_s \frac{1-e^{-a(t-s)}}{a}.$$

Siccome

$$\begin{aligned}
C_s &= \frac{\sigma^2}{2a^2}\left[1 + e^{-2a(t-s)} - 2e^{-a(t-s)}\right] - \frac{m}{a} - c - ms - \frac{\sigma^2}{2a^2}\left(1 - e^{-2as}\right) + \\
&\quad + \frac{m}{a}e^{-a(t-s)} + ce^{-a(t-s)} + mse^{-a(t-s)} + \frac{\sigma^2}{2a^2}e^{-a(t-s)} - \frac{\sigma^2}{2a^2}e^{-at-as} \\
&= \frac{\sigma^2}{2a^2}e^{-2a(t-s)} - \left(\frac{m}{a} + c\right) - ms + \frac{\sigma^2}{2a^2}e^{-2as} + \\
&\quad + \left(\frac{m}{a} + c - \frac{\sigma^2}{2a^2}\right)e^{-a(t-s)} + mse^{-a(t-s)} - \frac{\sigma^2}{2a^2}e^{-at-as},
\end{aligned}$$

ricaviamo

$$\begin{aligned}
A(0,t) &= \left[\frac{\sigma^2}{4a^3}e^{-2a(t-s)} - \left(\frac{m}{a} + c\right)s - \frac{ms^2}{2} - \frac{\sigma^2}{4a^3}e^{-2as}\right]\Big|_0^t + \\
&\quad + \left[\left(\frac{m}{a^2} + \frac{c}{a} - \frac{\sigma^2}{2a^3}\right)e^{-a(t-s)} + \frac{\sigma^2}{2a^3}e^{-at-as}\right]\Big|_0^t + \int_0^t mse^{-a(t-s)}ds \\
&= \frac{\sigma^2}{4a^3} - \frac{\sigma^2}{4a^3}e^{-2at} - \left(\frac{m}{a} + c\right)t - \frac{mt^2}{2} - \frac{\sigma^2}{4a^3}e^{-2at} + \frac{\sigma^2}{4a^3} + \\
&\quad + \frac{m}{a^2} + \frac{c}{a} - \frac{\sigma^2}{2a^3} - \left(\frac{m}{a^2} + \frac{c}{a} - \frac{\sigma^2}{2a^3}\right)e^{-at} + \frac{\sigma^2}{2a^3}e^{-2at} - \frac{\sigma^2}{2a^3}e^{-at} + \\
&\quad + \left[\frac{ms}{a}e^{-a(t-s)} - \frac{m}{a^2}e^{-a(t-s)}\right]\Big|_0^t \\
&= -\left(\frac{m}{a} + c\right)t - \frac{mt^2}{2} + \frac{m}{a^2} + \frac{c}{a} - \left(\frac{m}{a^2} + \frac{c}{a}\right)e^{-at} + \frac{mt}{a} - \frac{m}{a^2} + \frac{m}{a^2}e^{-at} = \\
&= -ct - \frac{mt^2}{2} + \frac{c}{a} - \frac{c}{a}e^{-at} = \frac{c}{a}\left(1 - e^{-at}\right) - ct - \frac{mt^2}{2}.
\end{aligned}$$

Dal momento che $r_0 = f(0,0) = c$, nel modello di Hull-White considerato, il prezzo iniziale di uno zero-coupon di scadenza t è pari a

$$\begin{aligned}
Z^{HW}(0,t) &= e^{A(0,t) - r_0 B(0,t)} = \\
&= \exp\left\{\frac{r_0}{a}\left(1 - e^{-at}\right) - r_0 t - \frac{mt^2}{2} - r_0\frac{1-e^{-at}}{a}\right\} = \\
&= \exp\left\{-r_0 t - \frac{mt^2}{2}\right\}.
\end{aligned}$$

2. Supponiamo ora che il tasso d'interesse $(r_t)_{t\geq 0}$ segua un modello di Ho-Lee

$$dr_t = \vartheta_t dt + \sigma dW_t,$$

con $r_0 = c = 0.04$, $\sigma = 0.2$ e ϑ_t come ricavato nella (8.33), i.e.

$$\vartheta_t^{HL} = \vartheta_t = m + \sigma^2 t.$$

(a) Iniziamo col determinare il valore del parametro m tale per cui il prezzo odierno di uno zero-coupon bond di valore nominale 40 euro e di scadenza T un anno e due mesi sia pari a 36 euro.

Abbiamo già ricavato il prezzo odierno di uno zero-coupon bond in funzione di m nel punto 1., pari a

$$Z^{HL}(0,t) = e^{A(0,t) - r_0 B(0,t)} = e^{-\frac{mt^2}{2} - r_0 t}.$$

Dobbiamo allora determinare m tale per cui $40 \cdot Z(0;T) = 36$ o, equivalentemente,

$$e^{-\frac{mT^2}{2} - r_0 T} = \frac{36}{40}.$$

Deduciamo allora che

$$m = -2\frac{\ln(36/40) + r_0 T}{T^2} = -2\frac{\ln(36/40) + 0.04 \cdot 7/6}{(7/6)^2} = 0.0862$$

Il valore del parametro m richiesto è quindi pari a $m = 0.0862$. Di conseguenza: $\vartheta_t^{HL} = 0.0862 + 0.04 \cdot t$ e $f(0,t) = 0.04 + 0.0862 \cdot t$.

(b) Valutiamo ora una Call di scadenza un anno e due mesi, strike 36 euro e scritta su uno zero-coupon bond di valore nominale 40 euro e scadenza due anni e mezzo.

Dal momento che, nell'ambito del modello di Ho-Lee, il prezzo iniziale di tale Call è pari a

$$C_0 = 40 \cdot Z(0,T^*) \cdot N(d) - 36 \cdot Z(0,T) \cdot N(d - \sigma_p)$$

con

$$\begin{aligned} d &= \sigma_p^{-1} \ln\left[\frac{40 \cdot Z(0,T^*)}{36 \cdot Z(0,T)}\right] + \frac{1}{2}\sigma_p \\ \sigma_p &= \sigma(T^* - T)\sqrt{T}, \end{aligned}$$

è allora necessario calcolare $Z(0,T^*)$, $Z(0,T)$, d e σ_p.

Il valore di $Z(0;T)$ è immediato. m è stato infatti scelto in modo tale che $Z(0;T) = 36/40 = 0.9$ euro.

Siccome $T = 7/6$; $T^* = 2.5$ e $\sigma = 0.2$, otteniamo inoltre che

$$\begin{aligned} Z(0,T^*) &= e^{-\frac{m(T^*)^2}{2} - r_0 T^*} = e^{-\frac{0.0862 \cdot (2.5)^2}{2} - 0.04 \cdot 2.5} = 0.691 \\ \sigma_p &= 0.2\,(2.5 - 7/6)\,\sqrt{7/6} = 0.288 \\ d &= \frac{\ln\left[\frac{40 \cdot 0.691}{36 \cdot 0.9}\right]}{0.288} + \frac{0.288}{2} = -0.408. \end{aligned}$$

Ricaviamo infine che il prezzo iniziale di una Call di scadenza un anno e due mesi, strike 36 euro e scritta su uno zero-coupon bond di valore nominale 40 euro e scadenza due anni e mezzo è pari a

$$C_0 = 40 \cdot 0.691 \cdot N(-0.408) - 36 \cdot 0.9 \cdot N(-0.408 - 0.288) = 1.563 \text{ euro}.$$

3. Consideriamo ora un tasso short $(r_t)_{t \geq 0}$ che evolva come in un modello di Hull-White con ϑ_t come nel punto 1. e parametri $r_0 = 0.04$, $\sigma = 0.2$ e a da determinarsi.

(a) Determiniamo innanzitutto il valore del parametro a. L'informazione a noi disponibile è che a soddisfa la seguente condizione:

$$\vartheta_{1/(2a)} - \vartheta_0 = \alpha, \qquad (8.34)$$

con $\alpha = 0.084$.

Dalla (8.34) ricaviamo allora a. Più precisamente, la (8.34) è equivalente a:

$$am \cdot \frac{1}{2a} + \frac{\sigma^2}{2a}\left(1 - e^{-2a \cdot \frac{1}{2a}}\right) = \alpha$$

$$\frac{m}{2} + \frac{\sigma^2}{2a}\left(1 - e^{-1}\right) = \alpha,$$

siccome (si veda il punto 1.) $\vartheta_t = m + ac + amt + \frac{\sigma^2}{2a}\left(1 - e^{-2at}\right)$. Quindi

$$a = \frac{\sigma^2\left(1 - e^{-1}\right)}{2\left(\alpha - \frac{m}{2}\right)} = \frac{\sigma^2\left(e - 1\right)}{e\left(2\alpha - m\right)} =$$

$$= \frac{(0.2)^2\left(e - 1\right)}{e\left(2 \cdot 0.084 - 0.0862\right)} = 0.309$$

(b) Calcoliamo ora il prezzo di una Call di scadenza un anno e due mesi, strike 36 euro e scritta su uno zero-coupon bond di valore nominale 40 euro e scadenza due anni e mezzo.

Dal momento che, nell'ambito del modello di Hull-White, il prezzo iniziale di tale Call è pari a

$$C_0 = 40 \cdot Z(0, T^*) \cdot N(d) - 36 \cdot Z(0, T) \cdot N(d - \sigma_p)$$

con

$$d = \sigma_p^{-1} \ln\left[\frac{40 \cdot Z(0, T^*)}{36 \cdot Z(0, T)}\right] + \frac{1}{2}\sigma_p$$

$$\sigma_p = \frac{1 - e^{-a(T^* - T)}}{a}\sqrt{\frac{\sigma^2}{2a}\left[1 - e^{-2aT}\right]},$$

è allora necessario calcolare $Z(0, T^*)$, $Z(0, T)$, d e σ_p.

Siccome $T = 7/6$; $T^* = 2.5$, $\sigma = 0.2$, $m = 0.0862$ e $a = 0.309$, otteniamo che

$$Z(0, T^*) = e^{-\frac{m(T^*)^2}{2} - r_0 T^*} = e^{-\frac{0.0862 \cdot (2.5)^2}{2} - 0.04 \cdot 2.5} = 0.691$$

$$Z(0; T) = e^{-\frac{mT^2}{2} - r_0 T} = e^{-\frac{0.0862 \cdot (7/6)^2}{2} - 0.04 \cdot 7/6} = 0.9$$

$$\sigma_p = \frac{1 - e^{-0.309 \cdot (2.5 - 7/6)}}{0.309}\sqrt{\frac{(0.2)^2}{2 \cdot 0.309}\left[1 - e^{-2 \cdot 0.309 \cdot 7/6}\right]} = 0.199$$

$$d = \frac{\ln\left[\frac{40 \cdot 0.691}{36 \cdot 0.9}\right]}{0.199} + \frac{0.199}{2} = -0.699$$

Ricaviamo infine che il prezzo iniziale di una Call di scadenza un anno e due mesi, strike 36 euro e scritta su uno zero-coupon bond di valore nominale 40 euro e scadenza due anni e mezzo è pari a

$$C_0 = 40 \cdot 0.691 \cdot N(-0.699) - 36 \cdot 0.9 \cdot N(-0.699 - 0.199) = 0.716 \text{ euro.}$$

4. Nel caso in cui il tasso d'interesse segua un modello di Ho-Lee ed il tasso forward istantaneo iniziale sia $f(0,t) = c + mt + \frac{m}{2}t^2$ abbiamo che

$$\vartheta_t = \frac{\partial f}{\partial t}(0,t) + \sigma^2 t = m + mt + \sigma^2 t = m + \left(m + \sigma^2\right) t.$$

Per quanto riguarda il prezzo $Z(0,t)$ di uno zero-coupon bond di scadenza t, ci resta soltanto da determinare $A(0,t)$, siccome $B(0,t) = t$.

Siccome $r_0 = f(0,0) = c$ e

$$
\begin{aligned}
A(0,t) &= \int_0^t \vartheta_s (s-t)ds + \frac{\sigma^2 t^3}{6} = \\
&= \int_0^t \left[m + \left(m + \sigma^2\right) s\right] (s-t)ds + \frac{\sigma^2 t^3}{6} = \\
&= \left[\frac{ms^2}{2} + \frac{\left(m + \sigma^2\right) s^3}{3} - mst - \frac{\left(m + \sigma^2\right) s^2 t}{2}\right]\Bigg|_0^t + \frac{\sigma^2 t^3}{6} = \\
&= \frac{mt^2}{2} + \frac{mt^3}{3} + \frac{\sigma^2 t^3}{3} - mt^2 - \frac{mt^3}{2} - \frac{\sigma^2 t^3}{2} + \frac{\sigma^2 t^3}{6} = \\
&= -\frac{mt^2}{2} - \frac{mt^3}{6},
\end{aligned}
$$

ricaviamo che

$$Z(0,t) = e^{A(0,t) - r_0 B(0,t)} = e^{-\frac{mt^2}{2} - \frac{mt^3}{6} - r_0 t} = e^{-\frac{mt^2}{2} - \frac{mt^3}{6} - ct}.$$

Il prezzo iniziale di uno zero-coupon bond di scadenza un anno e due mesi e di valore nominale 40 euro è allora pari a

$$40 \cdot Z(0; 7/6) = 40 \cdot e^{-\frac{0.0862 \cdot (7/6)^2}{2} - \frac{0.0862 \cdot (7/6)^3}{6} - 0.04 \cdot 7/6} = 35.189 \text{ euro.}$$

Esercizio 8.3

Si supponga che il tasso d'interesse $(r_t)_{t \geq 0}$ segua un modello di Hull-White

$$dr_t = \left(\vartheta_t - ar_t\right) dt + \sigma dW_t, \tag{8.35}$$

con $r_0 = 0.04$, $\sigma = 0.2$ e ϑ_t associato ad un tasso forward istantaneo di tipo affine, i.e.

$$f(0,t) = c + mt,$$

con $m = 0.0862$ e $a = 0.309$ - come nell'esercizio 8.2 - punti 2.(a) e 3.(a).

1. Si calcoli il prezzo odierno di uno zero-coupon bond di scadenza T un anno e otto mesi e di valore nominale 40 euro sia pari a 32 euro quando il tasso d'interesse evolve come nel modello di Vasiček corrispondente (i.e. con $\vartheta_t = ab$) di parametro b soddisfacente la seguente condizione $ab = \vartheta_T^4/\vartheta_0$.

2. Si consideri nuovamente un tasso d'interesse che evolva come nella (8.35) ma di struttura piatta, ovvero con tasso forward istantaneo $f(0,t) = r_0$ per ogni $t \geq 0$.

   Si calcoli il valore iniziale di un'opzione Call di scadenza un anno e otto mesi, strike 38 euro e scritta su un coupon bond di valore nominale 40, di scadenza due anni e mezzo e con cedole pagate semestralmente con tasso cedolare pari all'8%.

Svolgimento

1. Per quanto visto nell'Esercizio 8.2 sappiamo che

$$\vartheta_t = \frac{\partial f}{\partial t}(0,t) + a \cdot f(0,t) + \frac{\sigma^2}{2a}\left(1 - e^{-2at}\right) =$$
$$= m + a(c + mt) + \frac{\sigma^2}{2a}\left(1 - e^{-2at}\right) = m + ar_0 + amt + \frac{\sigma^2}{2a}\left(1 - e^{-2at}\right).$$

Consideriamo ora il modello di Vasiček corrispondente a quello di Hull-White assegnato, i.e.

$$dr_t = a(b - r_t)\,dt + \sigma dW_t, \tag{8.36}$$

ed in cui il parametro b soddisfi la seguente condizione $ab = \vartheta_T^4/\vartheta_0$. Il parametro b vale allora

$$b = \frac{\vartheta_T^4}{a\vartheta_0} = \frac{\left(m + ar_0 + amT + \frac{\sigma^2}{2a}\left(1 - e^{-2aT}\right)\right)^4}{a(m + ar_0)} = 0.228,$$

siccome $a = 0.309$, $m = 0.0862$, $r_0 = 0.04$, $\sigma = 0.2$ e $T = 20/12$ (1 anno e 8 mesi).

Vogliamo ora calcolare il prezzo iniziale di uno zero-coupon bond di valore nominale 32 euro e scadenza un anno e otto mesi. Essendo nell'ambito del modello di Vasiček, ricaviamo quanto segue:

$$B(0,T) = \frac{1 - e^{-aT}}{a} = \frac{1 - e^{-0.309 \cdot \frac{20}{12}}}{0.309} = 1.303$$

$$A(0,T) = \frac{[B(0,T) - T](a^2b - \sigma^2/2)}{a^2} - \frac{\sigma^2 B^2(0,T)}{4a} = -0.06166$$

$$Z(0,T) = e^{A(0,T) - r_0 B(0,T)} = e^{-0.06166 - 0.04 \cdot 1.303} = 0.8925$$

Il prezzo iniziale di uno zero-coupon bond di valore nominale 32 euro e scadenza un anno e otto mesi è allora pari a

$$32 \cdot Z\left(0; 20/12\right) = 28.56 \text{ euro.}$$

2. Determiniamo innanzitutto ϑ_t nel caso in cui $f\left(0, t\right) = r_0$ per ogni $t \geq 0$. Siccome siamo nell'ambito di un modello di Hull-White, abbiamo che

$$\vartheta_t = \frac{\partial f}{\partial t}\left(0, t\right) + a \cdot f\left(0, t\right) + \frac{\sigma^2}{2a}\left(1 - e^{-2at}\right) = ar_0 + \frac{\sigma^2}{2a}\left(1 - e^{-2at}\right).$$

Per quanto riguarda il prezzo di uno zero-coupon bond di scadenza t, ricordiamo che $Z\left(0, t\right) = e^{A(0,t) - r_0 B(0,t)}$ con

$$
\begin{aligned}
B(0, t) &= \frac{1 - e^{-at}}{a} \\
A(0, t) &= \int_0^t \left[\frac{1}{2}\sigma^2 B^2(s, t) - \vartheta_s B(s, t)\right] ds.
\end{aligned}
$$

Ricaviamo allora $A\left(0, t\right)$:

$$A(0, t) = \int_0^t \left[\frac{1}{2}\sigma^2 \left(\frac{1 - e^{-a(t-s)}}{a}\right)^2 - \vartheta_s \frac{1 - e^{-a(t-s)}}{a}\right] ds.$$

Per semplicità, indichiamo con C_s l'integranda, i.e.

$$C_s \triangleq \frac{1}{2}\sigma^2 \left(\frac{1 - e^{-a(t-s)}}{a}\right)^2 - \vartheta_s \frac{1 - e^{-a(t-s)}}{a}.$$

Siccome

$$
\begin{aligned}
C_s &= \frac{\sigma^2}{2a^2}\left[1 + e^{-2a(t-s)} - 2e^{-a(t-s)}\right] - r_0\left(1 - e^{-a(t-s)}\right) - \frac{\sigma^2}{2a^2}\left(1 - e^{-2as}\right) + \\
&\quad + \frac{\sigma^2}{2a^2}e^{-a(t-s)} - \frac{\sigma^2}{2a^2}e^{-at-as} = \\
&= \frac{\sigma^2}{2a^2}e^{-2a(t-s)} - \frac{\sigma^2}{2a^2}e^{-a(t-s)} - r_0\left(1 - e^{-a(t-s)}\right) + \frac{\sigma^2}{2a^2}e^{-2as} - \frac{\sigma^2}{2a^2}e^{-at-as},
\end{aligned}
$$

vale che

$$
\begin{aligned}
A\left(0, t\right) &= \left[\frac{\sigma^2}{4a^3}e^{-2a(t-s)} - \frac{\sigma^2}{2a^3}e^{-a(t-s)} - r_0 s + \frac{r_0}{a}e^{-a(t-s)}\right]\Bigg|_0^t \\
&\quad + \left[-\frac{\sigma^2}{4a^3}e^{-2as} + \frac{\sigma^2}{2a^3}e^{-at-as}\right]\Bigg|_0^t \\
&= -r_0 t + \frac{r_0}{a} - \frac{r_0}{a}e^{-at}
\end{aligned}
$$

Di conseguenza:

$$Z\left(0, t\right) = e^{A(0,t) - r_0 B(0,t)} = e^{-r_0 t},$$

come ci saremmo dovuti aspettare fin dall'inizio.

In modo analogo si può ricavare che

$$A\left(t,T\right) \;=\; -r_0\left(T-t\right) + \frac{r_0}{a}e^{-at} - \frac{r_0}{a}e^{-aT}$$

$$Z\left(t,T\right) = \exp\left\{-r_0\left(T-t\right) + \frac{r_0}{a}\left(e^{-at} - e^{-aT}\right) - r_t\frac{1-e^{-a(T-t)}}{a}\right\}.$$

$$(8.37)$$

Torniamo ora al problema iniziale, i.e. quello di determinare il prezzo iniziale di un'opzione Call europea di scadenza un anno e otto mesi, strike 38 euro e scritta su un coupon bond di valore nominale 40, di scadenza due anni e mezzo e con cedole pagate semestralmente con tasso cedolare pari all'8%.

Si osservi che dopo la scadenza dell'opzione (che non coincide con nessun distacco di cedola) saranno pagate cedole (semestrali, quindi dell'importo di $c = N \cdot 0.04 = 1.6$ euro) alle date $T_1^* = 2$ anni e $T_2^* = T^* = 2.5$ anni (scadenza del bond). A quest'ultima data, inoltre, ci sarà anche la restituzione del capitale, quindi l'importo totale pagato sarà pari a $N + c = 41.6$ euro.

Come già visto nell'Esercizio 8.2, cerchiamo di scomporre lo strike dell'opzione di partenza in due componenti (E_1 ed E_2) che rappresenteranno, rispettivamente, lo strike dell'opzione "fittizia" di scadenza T e di sottostante lo zero-coupon bond (ZCB_1) di valore nominale $N_1 = c = 1.6$ e scadenza $T_1^* = 2$ anni; lo strike dell'opzione "fittizia" di scadenza T e di sottostante lo zero-coupon bond (ZCB_2) di valore nominale $N_2 = N + c = 41.6$ e scadenza $T_2^* = T^* = 2.5$ anni.

Imponiamo quindi che

$$N_1 \cdot Z\left(T;T_1^*\right) + N_2 \cdot Z\left(T;T_2^*\right) = E \qquad (8.38)$$

e definiamo

$$E_1 \;\triangleq\; N_1 \cdot Z\left(T;T_1^*\right)$$
$$E_2 \;\triangleq\; N_2 \cdot Z\left(T;T_2^*\right).$$

Si osservi che nella (8.38) si richiede semplicemente che la scomposizione di E in due strikes E_1 ed E_2 sia in funzione dei valori nominali e dei tempi rimanenti a scadenza dei due zero-coupon bonds.

Per determinare E_1 ed E_2 come sopra ci restano quindi da calcolare $Z\left(T;T_1^*\right)$ e $Z\left(T;T_2^*\right)$.

Dalla (8.37) deduciamo che

$$Z\left(T;T_1^*\right) \;=\; \exp\left\{-r_0\left(T_1^*-T\right) + \frac{r_0}{a}e^{-aT} - \frac{r_0}{a}e^{-aT_1^*} - r_T^*\frac{1-e^{-a(T_1^*-T)}}{a}\right\}$$

$$= \; e^{-0.00576 - 0.3167\cdot r_T^*}$$

$$Z\left(T;T_2^*\right) \;=\; e^{-0.0158 - 0.7347\cdot r_T^*},$$

dove r_T^* è incognito e sarà dedotto dalla (8.38). Infatti, per quanto sopra ed essendo $N_1 = 1.6$ e $N_2 = 41.6$, la (8.38) può essere riscritta come

$$1.6 \cdot e^{-0.00576-0.3167 \cdot r_T^*} + 41.6 \cdot e^{-0.0158-0.7347 \cdot r_T^*} = 38.$$

Risolvendo l'equazione precedente, si trova la soluzione $r_T^* \cong 0.15705$. Pertanto:

$$
\begin{aligned}
E_1 &\triangleq N_1 \cdot Z\left(T; T_1^*\right) = 1.5136 \\
E_2 &\triangleq N_2 \cdot Z\left(T; T_2^*\right) = 36.4865
\end{aligned}
$$

A questo punto allora:

- il coupon bond sottostante è stato scomposto come combinazione lineare di due zero-coupon bonds di valori nominali $N_1 = 1.6$ e $N_2 = 41.6$;

- l'opzione iniziale è stata scomposta in due opzioni entrambe di scadenza $T = 20/12$ anni e:
    * una (Call 1) di strike E_1 e scritta su ZCB_1 di valore nominale N_1 e di scadenza $T_1^* = 2$ anni;
    * un'altra (Call 2) di strike E_2 e scritta su ZCB_2 di valore nominale N_2 e di scadenza $T_2^* = 2.5$ anni;

- il prezzo iniziale dell'opzione "di partenza" C_0^{CB} è pari a

$$C_0^{CB} = C_0^{(1)} + C_0^{(2)},$$

dove $C_0^{(i)}$, $i = 1, 2$, rappresenta il prezzo iniziale della Call i.

Ci restano quindi soltanto da calcolare $C_0^{(1)}$ e $C_0^{(2)}$. Siccome la Call 1 e la Call 2 sono opzioni scritte su zero-coupon bond, nell'ambito del modello di Hull-White vale che

$$C_0^{(i)} = N_i \cdot Z\left(0; T_i^*\right) \cdot N\left(d^{(i)}\right) - E_i \cdot Z\left(0; T\right) \cdot N\left(d^{(i)} - \sigma_p^{(i)}\right),$$

dove per $i = 1, 2$,

$$
d^{(i)} = \frac{\ln\left[\frac{N_i \cdot Z(0, T_i^*)}{E_i \cdot Z(0, T)}\right]}{\sigma_p^{(i)}} + \frac{1}{2}\sigma_p^{(i)}
$$

$$
\sigma_p^{(i)} = \frac{1 - e^{-a(T_i^* - T)}}{a}\sqrt{\frac{\sigma^2}{2a}\left[1 - e^{-2aT}\right]}
$$

Nel nostro caso si ha quindi che

$$
\sigma_p^{(1)} = \frac{1 - e^{-a(T_1^* - T)}}{a}\sqrt{\frac{\sigma^2}{2a}\left[1 - e^{-2aT}\right]} = 0.0646
$$

$$
d^{(1)} = \frac{\ln\left[\frac{N_1 \cdot Z(0, T_1^*)}{E_1 \cdot Z(0, T)}\right]}{\sigma_p^{(1)}} + \frac{1}{2}\sigma_p^{(1)} = 0.6851
$$

siccome è facile verificare che $Z(0;T_1^*) = 0.9231$ e $Z(0;T) = 0.9355$. Di conseguenza:

$$
\begin{aligned}
C_0^{(1)} &= 1.6 \cdot 0.9231 \cdot N(0.6851) - 1.5136 \cdot 0.9355 \cdot N(0.6851 - 0.0646) \\
&= 0.075 \text{ euro.}
\end{aligned}
$$

In modo analogo si trova che

$$
C_0^{(2)} = 4.388
$$

Si può quindi concludere che il prezzo della Call iniziale è pari a

$$
C_0^{CB} = C_0^{(1)} + C_0^{(2)} = 0.075 + 4.388 = 4.463 \text{ euro.}
$$

8.3 Esercizi proposti

Es. 8.4 Si consideri il caso dell'Esercizio 8.2.

(a) Si calcoli il prezzo di uno zero-coupon bond di scadenza un anno e due mesi e valore nominale 24 euro quando il tasso short evolve come in un modello di Hull-White con parametro a come nel punto 3.(a) dell'Esercizio 8.2.

(b) Si paragoni il prezzo trovato nel punto (a) con quello che si trovereb-be se il tasso d'interesse evolvesse come nel corrispondente modello di Vasiček con parametro b soddisfacente $ab = \vartheta_0$, dove a e ϑ_0 sono gli stessi di quelli del modello di Hull-White del punto (a).

Es. 8.5 Si supponga che il tasso d'interesse evolva come nel modello di Vasiček:

$$
dr_t = a\,(b - r_t)\,dt + \sigma dW_t,
$$

dove i parametri a, b e σ sono assegnati: $a = 0.2$, $b = 0.1$ e $\sigma = 0.2$. Si sa inoltre che il tasso d'interesse r_0 in $t = 0$ è del 4% annuo.

(a) Si calcoli il prezzo iniziale di uno zero-coupon bond con scadenza $T^* = 4$ anni.

(b) A partire dal punto (a) si calcoli il prezzo iniziale di un titolo senza cedole con scadenza $T^* = 4$ anni e valore nominale di 36 euro.

(c) Esiste un valore ragionevole di r_0 (ovvero $r_0 \in (0,1)$) tale per cui il prezzo del titoli in (b) coincida con il prezzo iniziale dello stesso titolo calcolato sotto l'ipotesi che il tasso short sia costante e pari al valore atteso di r_{T^*}?

(d) Si consideri una Call con scadenza T tre anni e otto mesi su un cou-pon bond con scadenza $T^* = 4$ anni, valore nominale 36 euro e tasso cedolare dell'8% annuo (tasso cedolare pagato semestralmente).

(d1) Si calcoli il prezzo iniziale di tale opzione Call.

(d2) Che cosa cambierebbe se la Call di cui sopra avesse scadenza tre anni e due mesi?

(d3) Si calcoli il prezzo della Put corrispondente alla Call del punto (d2).

Es. 8.6 Si considerino tre tassi short $\left(r_t^{(i)}\right)_{t\geq 0}$, con $i = 1, 2, 3$, le cui dinamiche sono le seguenti

$$
\begin{aligned}
dr_t^{(1)} &= a_1\left(b - r_t^{(1)}\right) dt + \sigma dW_t \\
dr_t^{(2)} &= \vartheta_t dt + \sigma dW_t \\
dr_t^{(3)} &= \left(\vartheta_t - a_2 r_t\right) dt + \sigma dW_t
\end{aligned}
$$

con $a_1, a_2, b \in \mathbb{R}$, $\sigma > 0$ parametri reali e $a_2 \neq 0$.

(a) Quale modello seguono i tassi short definiti come segue?

$$
\begin{aligned}
\hat{r}_t &= r_t^{(2)} - r_t^{(3)} - \frac{a_1}{a_2} r_t^{(1)} \\
r_t^* &= r_t^{(2)} - r_t^{(3)} + r_t^{(1)}
\end{aligned}
$$

(b) Per $a_1 = a_2 = a$, si determini la distribuzione di $r_T^{(2)}$ con $T = 1$ anno.

Si determini se vale $P\left(r_T^{(2)} \geq 0\right) = 0.9$ per qualche valore di b e σ.

Es. 8.7 Si supponga che il tasso d'interesse evolva come nel modello di Hull-White:

$$
dr_t = \left(\vartheta_t - a r_t\right) dt + \sigma dW_t,
$$

dove ϑ_t è associato a $f(0, t)$ dell'Esercizio 8.2 -punto 4.-, $r_0 = 0.04$, $\sigma = 0.2$ ed i parametri a e m sono gli stessi di quelli dell'Esercizio 8.2.

(a) Si calcoli il prezzo di una Put di strike 36 euro, scadenza un anno e due mesi e scritta uno zero-coupon bond di valore nominale 40 euro e scadenza due anni e mezzo.

(b) Nel modello di Ho-Lee corrispondente (ottenuto con $a = 0$ e σ come sopra), si calcoli il prezzo della Put del punto (a).

(c) Si calcoli il prezzo della Put dei punti (a) e (b) con il modello di Vasiček di parametri a, σ e r_0 come sopra, $\vartheta_t = c$ per ogni t, dove c è una costante (ragionevole) scelta a piacere.

Capitolo 9

Ottimizzazione di portafoglio in modelli discreti

9.1 Richiami di teoria

Ci limiteremo allo studio di modelli ad un solo periodo, per i quali il "portafoglio" (che definiremo formalmente tra poco) viene definito dalla sua composizione all'istante iniziale e dove i rendimenti dei diversi titoli alla fine del periodo sono assunti essere delle variabili aleatorie. Rimandiamo il lettore interessato ad una esposizione sistematica delle nozioni e dei concetti qui di seguito richiamati molto brevemente ai testi di Barucci [1], Capiński, Zastawniak [4] e Luenberger [9].

Si consideri un modello di mercato in cui sono presenti n titoli i cui valori ad una data prefissata sono rappresentati dalle n variabili aleatorie $S_1, S_2, ..., S_n$. Indicheremo con $\mathbf{S}$ il vettore aleatorio $\mathbf{S} = (S_1, S_2, ..., S_n)$ di componenti $S_1, S_2, ..., S_n$.

Definiamo *portafoglio* un vettore $\mathbf{v} = (v_1, v_2, ...v_n)$ del quale ciascuna componente v_i indica il numero di unità del titolo di valore S_i. Il valore V del portafoglio sarà pertanto dato dal prodotto scalare dei due vettori $\mathbf{v}$ e $\mathbf{S}$, ovvero

$$V = \mathbf{v} \cdot \mathbf{S} = \sum_{j=1}^{n} v_j S_j.$$

Più frequentemente un portafoglio viene indicato dal vettore dei pesi relativi $\mathbf{w} = (w_1, w_2, ...w_n)$ dove le componenti w_i sono definite da:

$$w_i \triangleq \frac{v_i S_i}{V} = \frac{v_i S_i}{\sum_{j=1}^{n} v_j S_j}. \tag{9.1}$$

Si verifica immediatamente che le w_i hanno somma pari a 1. Un valore negativo per la generica componente w_i sta ad indicare una posizione di vendita allo scoperto relativamente al titolo S_i. L'insieme dei portafogli i cui pesi w_i hanno somma unitaria viene detto l'insieme dei portafogli ammissibili.

Il *problema di ottimizzazione* di portafoglio può essere riassunto schematicamente come segue: determinare la composizione di un portafoglio (identificato mediante i pesi relativi dei vari titoli) in modo che il valore atteso dell'utilità (detta anche utilità attesa) derivante da tale portafoglio risulti massimo rispetto ad ogni altra composizione, dove l'utilità di un portafoglio viene calcolata in base ad un'opportuna funzione di utilità. Tale *funzione di utilità* , o più brevemente funzione utilità , dovrà descrivere le preferenze dell'investitore e tenere conto del suo grado di avversione al rischio.

Una funzione utilità è una funzione $U : \mathbb{R} \to [-\infty, +\infty)$ non decrescente, concava e di classe C^2 dove assume valori reali. Per via della loro semplicità, le funzioni utilità che si incontrano più frequentemente nelle applicazioni sono le seguenti:

- *funzione esponenziale:*

$$U(x) = 1 - \exp(-\alpha x), \quad \alpha > 0 \tag{9.2}$$

- *funzione logaritmica:*

$$U(x) = \left\{ \begin{array}{ll} \ln(x), & x > 0 \\ -\infty, & x \leq 0 \end{array} \right. \tag{9.3}$$

- *funzione di tipo potenza:*

$$U(x) = \left\{ \begin{array}{ll} x^\alpha, & x > 0 \\ -\infty, & x \leq 0 \end{array} \right. , \quad 0 < \alpha < 1 \tag{9.4}$$

Nel caso più semplice, il problema di ottimizzare un portafoglio si traduce in quello di trovare il portafoglio con il massimo rendimento atteso e la minor varianza possibile, quando quest'ultima viene assunta come la misura del rischio associato ad un portafoglio. Denotando con r_i il rendimento del titolo di valore S_i e con r_K il rendimento del portafoglio K, si ricava immediatamente che il rendimento atteso di un portafoglio e la sua varianza[1] sono dati da:

$$E(r_K) = \sum_{i=1}^{n} w_i E(r_i) \tag{9.5}$$

$$Var(r_K) = \sum_{i=1}^{n} w_i^2 Var(r_i) + \sum_{\substack{i=1,\dots,n \\ i \neq j}} \sum_{j=1}^{n} w_i w_j Cov(r_i, r_j) \tag{9.6}$$

Un portafoglio la cui varianza sia minima rispetto a qualunque altro portafoglio a parità di rendimento atteso ed il cui rendimento atteso sia massimo a parità di varianza viene detto *portafoglio efficiente.*

---

[1]Diversamente dai capitoli precedenti, per evitare confusione con il valore del portafoglio indicheremo la varianza di una variabile aleatoria con $Var(\cdot)$ invece che con $V(\cdot)$.

Il portafoglio di varianza minima (a valore atteso non prefissato) è determinato dalle formula seguente:

$$\mathbf{w} = \frac{\mathbf{u}\mathbf{C}^{-1}}{\mathbf{u}\mathbf{C}^{-1}\mathbf{u}^T},$$ (9.7)

dove $\mathbf{u}$ è il vettore di dimensione n con tutte le componenti uguali a 1 e $\mathbf{C}$ è la matrice di varianza-covarianza dei rendimenti.

Il portafoglio di varianza minima tra tutti quelli di rendimento fissato pari a μ_V è invece dato da:

$$\mathbf{w} = \frac{\det\begin{pmatrix} 1 & \mathbf{u}\mathbf{C}^{-1}\mathbf{m}^T \\ \mu_V & \mathbf{m}\mathbf{C}^{-1}\mathbf{m}^T \end{pmatrix}\mathbf{u}\mathbf{C}^{-1} + \det\begin{pmatrix} \mathbf{u}\mathbf{C}^{-1}\mathbf{u}^T & 1 \\ \mathbf{m}\mathbf{C}^{-1}\mathbf{u}^T & \mu_V \end{pmatrix}\mathbf{m}\mathbf{C}^{-1}}{\det\begin{pmatrix} \mathbf{u}\mathbf{C}^{-1}\mathbf{u}^T & \mathbf{u}\mathbf{C}^{-1}\mathbf{m}^T \\ \mathbf{m}\mathbf{C}^{-1}\mathbf{u}^T & \mathbf{m}\mathbf{C}^{-1}\mathbf{m}^T \end{pmatrix}}$$ (9.8)

dove $\mathbf{m} = (\mu_1, \mu_2, ...\mu_n)$ è il vettore avente per componenti i rendimenti attesi degli n titoli. L'insieme dei portafogli efficienti al variare del valore atteso viene detto *frontiera efficiente*.

La teoria nota con il nome di *Capital Asset Pricing Model* (CAPM) postula una relazione di tipo lineare tra il rendimento di un portafoglio K (il modello assume il medesimo tipo di legame per i rendimenti di ciascun titolo) e il rendimento r_M di un portafoglio di riferimento, detto *portafoglio di mercato*:

$$r_K = r_f + \beta_K(r_M - r_f) + \varepsilon_i,$$ (9.9)

dove r_f è il tasso di interesse privo di rischio e ε_i è una variabile aleatoria avente distribuzione Normale di media nulla. Prendendo il valore atteso di entrambi i membri della precedente relazione si ottiene:

$$\mu_K = E(r_K) = r_f + \beta_K(\mu_M - r_f).$$ (9.10)

La linea (retta) di regressione relativa al presente modello è definita dai coefficienti β_K, α_K, dove il gradiente β_K e l'intercetta α_K si ottengono rispettivamente dalle formule seguenti:

$$\beta_K \;\; = \;\; \frac{Cov(r_M, r_K)}{\sigma_M^2}$$ (9.11)

$$\alpha_K \;\; = \;\; \mu_K - \beta_K\mu_M.$$ (9.12)

9.2   Esercizi svolti

Esercizio 9.1

Si calcoli il rendimento atteso e la varianza del portafoglio di pesi $w_1 = 0.6$ e $w_2 = 0.4$, rispettivamente, nei due titoli S_1, S_2 i cui rendimenti sono descritti dalla seguente tabella:

scenario	probabilità	r_1	r_2
ω_1	0.1	-20%	-10%
ω_2	0.4	0%	20%
ω_3	0.5	20%	40%

Svolgimento

Dal momento che il rendimento atteso di ciascuno dei due titoli è dato da:

$$E(r_1) = 0.1 \cdot (-0.2) + 0.4 \cdot 0 + 0.5 \cdot 0.2 = 0.08$$
$$E(r_2) = 0.1 \cdot (-0.1) + 0.4 \cdot 0.2 + 0.5 \cdot 0.4 = 0.27,$$

il rendimento atteso del portafoglio K di pesi $w_1 = 0.6$ e $w_2 = 0.4$ nei titoli S_1 e S_2 è allora pari a:

$$E(r_K) = w_1 E(r_1) + w_2 E(r_2) = 0.6 \cdot 0.08 + 0.4 \cdot 0.27 = 0.156$$

Per calcolare la varianza del portafoglio occorre conoscere le varianze dei rendimenti dei due titoli e la loro covarianza. Nel nostro caso, si ricava che:

$$
\begin{aligned}
Var(r_1) &= E\left(r_1^2\right) - \left(E\left(r_1\right)\right)^2 = \\
&= 0.1 \cdot (-0.2)^2 + 0.4 \cdot 0^2 + 0.5 \cdot (0.2)^2 - (0.08)^2 = 0.0176 \\
Var(r_2) &= E\left(r_2^2\right) - \left(E\left(r_2\right)\right)^2 = \\
&= 0.1 \cdot (-0.1)^2 + 0.4 \cdot (0.2)^2 + 0.5 \cdot (0.4)^2 - (0.27)^2 = 0.0241 \\
Cov(r_1, r_2) &= E\left(r_1 r_2\right) - E\left(r_1\right) E\left(r_2\right) = \\
&= 0.1 \cdot (-0.2)(-0.1) + 0.4 \cdot 0 \cdot 0.2 + 0.5 \cdot 0.2 \cdot 0.4 - 0.08 \cdot 0.27 = 0.020\text{4}
\end{aligned}
$$

da cui si ottiene:

$$
\begin{aligned}
Var(r_K) &= w_1^2 Var(r_1) + w_2^2 Var(r_2) + 2 w_1 w_2 Cov(r_1 r_2) = \\
&= (0.6)^2 \cdot 0.0176 + (0.4)^2 \cdot 0.0241 + 2 \cdot 0.6 \cdot 0.4 \cdot 0.0204 = 0.019984
\end{aligned}
$$

Esercizio 9.2

Considerati i rendimenti r_1, r_2 dei due titoli S_1, S_2 riassunti nella seguente tabella:

scenario	probabilità	r_1	r_2
ω_1	0.2	-10%	10%
ω_2	0.3	5%	-2%
ω_3	0.5	20%	15%

si confronti il rischio (misurato mediante la varianza) di un portafoglio K composto dai due titoli con pesi rispettivi $w_1 = 0.3$, $w_2 = 0.7$ con il rischio dei due titoli presi singolarmente. Basandosi sulla stessa tabella, si determini la composizione di un portafoglio K^* costituito dai due titoli precedenti ma che abbia rendimento atteso pari al 9%. Si calcoli poi la varianza del portafoglio K^* costituito come richiesto sopra.

Svolgimento

Dai dati si ricava facilmente (analogamente a quanto visto nell'Esercizio 9.1):

$$\begin{aligned}
E\,(r_1) &= 0.095; \quad E\,(r_2) = 0.089 \\
Var(r_1) &= 0.0137; \quad Var(r_2) = 0.0054 \\
Cov\,(r_1, r_2) &= 0.0042
\end{aligned}$$

Di conseguenza:

$$\rho_{12} = \frac{Cov(r_1, r_2)}{\sqrt{Var(r_1)Var(r_2)}} = 0.49$$

Si ottiene quindi che la varianza del portafoglio K è pari a:

$$\begin{aligned}
Var(r_K) &= w_1^2 Var(r_1) + w_2^2 Var(r_2) + 2\rho_{12} w_1 w_2 \sqrt{Var(r_1)Var(r_2)} = \\
&= (0.3)^2 \cdot 0.0137 + (0.7)^2 \cdot 0.0054 + 2 \cdot 0.49 \cdot 0.3 \cdot 0.7 \cdot \sqrt{0.0137 \cdot 0.0054} \\
&= 0.0056
\end{aligned}$$

Si deve ora determinare un nuovo portafoglio K^* di rendimento atteso pari al 9%. Più precisamente, quindi, si devono calcolare i pesi relativi ai due titoli nel nuovo portafoglio K^*.

Ricordando che $E(r_1) = 0.095$ e $E(r_2) = 0.089$, i due pesi cercati w_1^*, w_2^* dovranno soddisfare il seguente sistema di equazioni:

$$\begin{cases} w_1^* \cdot 0.095 + w_2^* \cdot 0.089 = 0.09 \\ w_1^* + w_2^* = 1 \end{cases}$$

risolto da

$$w_1^* = \frac{1}{6}, \quad w_2^* = \frac{5}{6}.$$

I pesi nei due titoli S_1 e S_2 nel nuovo portafoglio K^* risulteranno pertanto $w_1^* = \frac{1}{6}$ e $w_2^* = \frac{5}{6}$, rispettivamente.

Si ottiene allora che la varianza del rendimento del portafoglio K^* è pari a:

$$
\begin{aligned}
Var(r_{K^*}) &= (w_1^*)^2 \, Var(r_1) + (w_2^*)^2 \, Var(r_2) + 2w_1^* w_2^* Cov(r_1 r_2) = \\
&= (1/6)^2 \cdot 0.0137 + (5/6)^2 \cdot 0.0054 + 2 \cdot \frac{5}{36} \cdot 0.0042 = 0.0053
\end{aligned}
$$

Esercizio 9.3

Siano dati tre titoli rischiosi i cui rendimenti attesi, con relative varianze e correlazioni, sono riassunti nella seguente tabella:

$\mu_1 = 0.20$	$\sigma_1 = 0.25$	$\rho_{12} = -0.20$
$\mu_2 = 0.12$	$\sigma_2 = 0.30$	$\rho_{23} = 0.50$
$\mu_3 = 0.15$	$\sigma_3 = 0.22$	$\rho_{13} = 0.30$

Si determini la composizione del portafoglio di varianza minima e se ne calcolino il rendimento atteso e la varianza.

Svolgimento

Richiamiamo la formula che fornisce il vettore dei pesi $\mathbf{w}$ del portafoglio di varianza minima:

$$
\mathbf{w} = \frac{\mathbf{u}\mathbf{C}^{-1}}{\mathbf{u}\mathbf{C}^{-1}\mathbf{u}^T},
$$

dove $\mathbf{C}$ è la matrice di varianza-covarianza dei rendimenti e $\mathbf{u}$ è il vettore avente tutte le componenti unitarie. Nel nostro caso, si ha:

$$
\mathbf{C} = \begin{pmatrix} 0.0625 & -0.015 & 0.0165 \\ -0.015 & 0.09 & 0.033 \\ 0.0165 & 0.033 & 0.048 \end{pmatrix}
$$

Siccome la matrice inversa $\mathbf{C}^{-1}$ di $\mathbf{C}$ è:

$$
\mathbf{C}^{-1} = \begin{pmatrix} 21.497 & 8.4132 & -13.174 \\ 8.4132 & 18.1487 & -15.369 \\ -13.174 & -15.369 & 35.928 \end{pmatrix},
$$

si ottiene che il portafoglio di varianza minima è così costituito:

$$
w_1 = 0.474, \quad w_2 = 0.317, \quad w_3 = 0.209
$$

Il rendimento atteso e la varianza di tale portafoglio risultano allora essere rispettivamente:

$$\begin{aligned}
\mu_V &= w_1\mu_1 + w_2\mu_2 + w_3\mu_3 = 0.164 \\
\sigma_V^2 &= w_1^2\sigma_1^2 + w_2^2\sigma_2^2 + w_3^2\sigma_3^2 + 2w_1w_2 Cov\,(r_1,r_2) + \\
&\quad +2w_1w_3 Cov\,(r_1,r_3) + 2w_2w_3 Cov\,(r_2,r_3) \\
&= 0.0283
\end{aligned}$$

Esercizio 9.4

Si considerino un portafoglio K di rendimento r_K ed il portafoglio di mercato K_M di rendimento r_M, dove r_K e r_M assumono i valori riassunti nella seguente tabella:

scenario	probabilità	r_K	r_M
ω_1	0.3	3%	8%
ω_2	0.2	2%	7%
ω_3	0.3	4%	10%
ω_4	0.2	1%	9%

Si calcolino il gradiente β_K e l'intercetta α_K della retta di regressione.

Svolgimento

Dalla tabella si ottiene:

$$\begin{aligned}
\mu_K &= E(r_K) = 0.027; \quad \mu_M = E(r_M) = 0.086, \\
\sigma_M^2 &= 0.000124; \quad Cov(r_K,r_M) = 0.000058
\end{aligned}$$

mentre dalle formule che forniscono i valori del gradiente β_V e dell'intercetta α_V si ottiene:

$$\begin{aligned}
\beta_V &= \frac{Cov(r_K,r_M)}{\sigma_M^2} = \frac{0.000058}{0.000124} = 0.467 \\
\alpha_K &= \mu_K - \beta_K\mu_M = 0.027 - 0.467 \cdot 0.086 = -0.01316
\end{aligned}$$

Esercizio 9.5

1. Si considerino due titoli S_1, S_2 con rendimenti normalmente distribuiti di valore atteso, deviazione standard $E(r_1) = \mu_1 = 0.20$, $E(r_2) = \mu_2 = 0.16$, $\sigma_1 = \sqrt{Var(r_1)} = 0.30$, $\sigma_2 = \sqrt{Var(r_2)} = 0.36$, rispettivamente, e con coefficiente di correlazione $\rho_{12} = -0.5$.

   Si determini il portafoglio che massimizza l'utilità attesa quando la funzione di utilità è esponenziale:

   $$U(x) = 1 - \exp(-\alpha x)$$

   di parametro $\alpha = 0.04$.

2. Si consideri ora un portafoglio J costituito dal medesimo titolo S_1 del punto precedente e da un titolo B non rischioso di rendimento certo $r_B = 0.06$. Si determini la composizione ottimale del nuovo portafoglio considerato rispetto alla medesima funzione utilità del punto precedente.

Svolgimento

1. Denotando con K il portafoglio di pesi $w_1 = x$ (nel titolo S_1) ed $w_2 = 1 - x$ (nel titolo S_2), si ricavano il rendimento atteso e la varianza del rendimento di K:

$$
\begin{aligned}
E[r_K] &= E\left[w_1 r_1 + w_2 r_2\right] = 0.20 \cdot x + 0.16 \cdot (1 - x) = 0.16 - 0.04x \\
Var(r_K) &= Var\left[w_1 r_1 + w_2 r_2\right] = (0.3)^2 x^2 + (0.36)^2 (1 - x)^2 - \\
&\quad -2 \cdot 0.5 \cdot 0.30 \cdot 0.36 \cdot x(1 - x) = \\
&= 0.3276 \cdot x^2 - 0.828 \cdot x + 0.1296
\end{aligned}
$$

Se una variabile casuale Z è distribuita secondo una Normale, allora $\exp(Z)$ è distribuita secondo una lognormale e vale la seguente uguaglianza:

$$
E\left[\exp(Z)\right] = \exp\left\{E(Z) + \frac{1}{2}Var(Z)\right\},
$$

Poiché massimizzare il valore atteso dell'utilità esponenziale significa massimizzare la seguente quantità:

$$
E[U(Z)] = 1 - E\left[\exp(-\alpha Z)\right] = 1 - \exp\left\{-\alpha E(Z) + \frac{1}{2}\alpha^2 Var(Z)\right\}
$$

nell'ipotesi che i rendimenti dei due titoli abbiano distribuzione Normale è sufficiente massimizzare l'espressione seguente:

$$
E[Z] - \frac{1}{2}\alpha Var(Z).
$$

Siccome nel nostro caso $Z = r_K$, occorre allora trovare il valore di x che renda massimo il polinomio di secondo grado:

$$
g(x) = 0.16 - 0.04x - \frac{0.04}{2}(0.3276x^2 - 0.828x + 0.1296) =
$$

$$
= 0.1574 - 0.0234x - 0.0066x^2
$$

Si trova facilmente che il valore richiesto è pari a $x = -1.776$.

2. Il rendimento atteso del nuovo portafoglio J, di pesi $w_1 = y$ e $w_2 = 1 - y$, è dato da:

$$
E[r_J] = E\left[w_1 r_1\right] + w_2 r_B = 0.20 \cdot y + (1 - y) \cdot 0.06 \tag{9.13}
$$

e la sua varianza da:

$$Var(r_J) = (0.3)^2 \cdot y^2 \tag{9.14}$$

La nuova funzione da massimizzare è allora la seguente:

$$f(y) = 0.14 \cdot y + 0.06 - \frac{0.04}{2}(0.3 \cdot y)^2 = -0.0018 \cdot y^2 + 0.14 \cdot y + 0.06 \tag{9.15}$$

È facile verificare che il punto di massimo è pari a $y = 38.89$. Il peso corrispondente al titolo non rischioso sarà dato da $1 - y = -37.89$ e consisterà quindi in una posizione corta rispetto ad B.

9.3 Esercizi proposti

$\boxed{\text{Es. 9.6}}$ Dati due titoli rischiosi i cui prezzi siano normalmente distribuiti, con $S_1 \sim N(3; 0.5)$, $S_2 \sim N(4; 0.7)$, $\rho_{12} = 0.5$, si determinino la frontiera efficiente e il portafoglio ottimale rispetto alla funzione utilità di tipo esponenziale di parametro $\alpha = 1.5$.

$\boxed{\text{Es. 9.7}}$ Tra tutti i portafogli ammissibili composti da tre titoli di rendimento atteso $\mu_1 = 0.30$, $\mu_2 = 0.15$, $\mu_3 = 0.18$, rispettivamente, di deviazioni standard di $\sigma_1 = 0.22$, $\sigma_2 = 0.30$, $\sigma_3 = 0.26$, rispettivamente, e di correlazioni $\rho_{12} = 0.34$, $\rho_{23} = 0.02$, $\rho_{13} = 0.25$, si determini il portafoglio di varianza minima e se ne calcolino il rendimento atteso e la varianza.

$\boxed{\text{Es. 9.8}}$ Tra tutti i portafogli ammissibili costituiti dai tre titoli dell'esercizio precedente e aventi come rendimento atteso $\mu_V = 20\%$, si determini il portafoglio di varianza minima e se ne calcoli la varianza.

$\boxed{\text{Es. 9.9}}$ Supposto che il tasso di interesse privo di rischio r_f sia del 6% , che il valore atteso e la varianza del portafoglio di mercato siano rispettivamente pari a 10% e 20%, e che la covarianza tra il rendimento di un dato titolo e il rendimento del portafoglio di mercato sia 0.5, nell'ambito del CAPM si determini il tasso di rendimento del titolo in questione.

Bibliografia

[1] Barucci, E. (2003): "Financial Markets Theory", Springer.

[2] Björk, T. (2004): "Arbitrage Theory in Continuous Time", Oxford University Press, Seconda Edizione.

[3] Brigo, D., Mercurio, F. (2001): "Interest Rate Models", Springer.

[4] Capiński, M., Zastawniak, T. (2003): "Mathematics for Finance", Springer.

[5] D'Ecclesia, R.L., Gardini, L. (1998): "Appunti di Matematica Finanziaria II", Giappichelli Editore, Torino.

[6] El Karoui, N. (1999): "Modèles Stochastiques en Finance", Dispense per il *Diplôme d'Etudes Approfondis in Probabilités et Applications*.

[7] Föllmer, H., Schied, A. (2002): "Stochastic Finance. An Introduction in Discrete Time", De Gruyter, Berlin - New York.

[8] Hull, J. (2006): "Opzioni, Futures e altri Derivati", Traduzione italiana, Sesta Edizione, Pearson/Prentice Hall.

[9] Luenberger, D.G. (2006): "Finanza e Investimenti", Apogeo.

[10] Mikosch, T. (1998): "Elementary Stochastic Calculus with Finance in View", World Scientific Singapore.

[11] Musiela, M., Rutkowski, M. (1997): "Martingale Methods in Financial Modelling", Springer-Verlag, Berlin.

[12] Øksendal, B, (2000): "Stochastic Differential Equations", Springer, Quinta edizione.

[13] Pliska, S.R. (1997): "Introduction to Mathematical Finance: Discrete Time Models", Blackwell Publishers.

[14] Ross, S.M. (2003): "An Elementary Introduction to Mathematical Finance", Cambridge University Press.

[15] Salsa, S. (2004): "Equazioni alle Derivate Parziali", Springer.

[16] Wilmott P., Howison, S., Dewynne, J. (1993): "Option Pricing: Mathematical Models and Computation", Oxford Financial Press.

[17] Wilmott, P., Howison, S., Dewynne, J. (1995): "The Mathematics of Financial Derivatives: A Student Introduction", Cambridge University Press.

Collana Unitext - La Matematica per il 3+2

a cura di

F. Brezzi
C. Ciliberto
B. Codenotti
M. Pulvirenti
A. Quarteroni
G. Rinaldi
W.J. Runggaldier

Volumi pubblicati

A. Bernasconi, B. Codenotti
Introduzione alla complessità computazionale
1998, X+260 pp. ISBN 88-470-0020-3

A. Bernasconi, B. Codenotti, G. Resta
Metodi matematici in complessità computazionale
1999, X+364 pp, ISBN 88-470-0060-2

E. Salinelli, F. Tomarelli
Modelli dinamici discreti
2002, XII+354 pp, ISBN 88-470-0187-0

S. Bosch
Algebra
2003, VIII+380 pp, ISBN 88-470-0221-4

S. Graffi, M. Degli Esposti
Fisica matematica discreta
2003, X+248 pp, ISBN 88-470-0212-5

S. Margarita, E. Salinelli
MultiMath - Matematica Multimediale per l'Università
2004, XX+270 pp, ISBN 88-470-0228-1

A. Quarteroni, R. Sacco, F. Saleri
Matematica numerica (2a Ed.)
2000, XIV+448 pp, ISBN 88-470-0077-7
2002, 2004 ristampa riveduta e corretta
(1a edizione 1998, ISBN 88-470-0010-6)

A partire dal 2004, i volumi della serie sono contrassegnati da un numero di identificazione. I volumi indicati in grigio si riferiscono a edizioni non più in commercio

3. A. Quarteroni, F. Saleri
Introduzione al Calcolo Scientifico (2a Ed.)
2004, X+262 pp, ISBN 88-470-0256-7
(1a edizione 2002, ISBN 88-470-0149-8)

4. S. Salsa
Equazioni a derivate parziali - Metodi, modelli e applicazioni
2004, XII+426 pp, ISBN 88-470-0259-1

5. G. Riccardi
Calcolo differenziale ed integrale
2004, XII+314 pp, ISBN 88-470-0285-0

6. M. Impedovo
Matematica generale con il calcolatore
2005, X+526 pp, ISBN 88-470-0258-3

7. L. Formaggia, F. Saleri, A. Veneziani
Applicazioni ed esercizi di modellistica numerica
per problemi differenziali
2005, VIII+396 pp, ISBN 88-470-0257-5

8. S. Salsa, G. Verzini
Equazioni a derivate parziali - Complementi ed esercizi
2005, VIII+406 pp, ISBN 88-470-0260-5

9. C. Canuto, A. Tabacco
Analisi Matematica I (2a Ed.)
2005, XII+448 pp, ISBN 88-470-0337-7
(1a edizione, 2003, XII+376 pp, ISBN 88-470-0220-6)

10. F. Biagini, M. Campanino
Elementi di Probabilità e Statistica
2006, XII+236 pp, ISBN 88-470-0330-X

21. S. Leonesi, C. Toffalori
Numeri e Crittografia
2006, VIII+178 pp, ISBN 88-470-0331-8

22. A. Quarteroni, F. Saleri
Introduzione al Calcolo Scientifico (3a Ed.)
2006, X+306 pp, ISBN 88-470-0480-2

23. S. Leonesi, C. Toffalori
Un invito all'Algebra
2006, XVII+432 pp, ISBN 88-470-0313-X

24. W.M. Baldoni, C. Ciliberto, G.M. Piacentini Cattaneo
Aritmetica, Crittografia e Codici
2006, XVI+518 pp, ISBN 88-470-0455-1

25. A. Quarteroni
Modellistica numerica per problemi differenziali (3a Ed.)
2006, XIV+452 pp, ISBN 88-470-0493-4
(1a edizione 2000, ISBN 88-470-0108-0)
(2a edizione 2003, ISBN 88-470-0203-6)

26. M. Abate, F. Tovena
Curve e superfici
2006, XIV+394 pp, ISBN 88-470-0535-3

27. L. Giuzzi
Codici correttori
2006, XVI+402 pp, ISBN 88-470-0539-6

28. L. Robbiano
Algebra lineare
2007, XVI+210 pp, ISBN 88-470-0446-2

29. E. Rosazza Gianin, C. Sgarra
Esercizi di finanza matematica
2007, X+184 pp, ISBN 978-88-470-0610-2